"十四五"职业教育国家规划教材

精品系列教材

建筑速写轻松学

微课版|第2版

曹琳羚◎主编

高汉君 王宁
唐辉 万依依 王佳文◎副主编

人民邮电出版社

北京

图书在版编目（CIP）数据

建筑速写轻松学 ：微课版 / 曹琳羚主编. -- 2 版.
北京 ： 人民邮电出版社，2025. -- （高等院校艺术设计
精品系列教材）. -- ISBN 978-7-115-66931-5

Ⅰ. TU204.111

中国国家版本馆 CIP 数据核字第 2025LK0301 号

内 容 提 要

本书共七章，包括绪论，一点透视，线的表现，画面布局，常见物体的画法，两点透视、圆的透视及三点透视，综合案例分析及例图。本书的最大特点是根据初学者学习建筑速写的接受能力安排知识点的顺序。在内容方面，本书对初学者的困惑进行了针对性的讲述。本书按照从现象到原理、再由原理到画法的教学思路编写，力图使读者能在根本上理解画法。

本书既可作为建筑设计类、园林景观设计类、室内设计类、城市规划设计类专业相关课程的教材，也可作为相关行业的从业人员及建筑速写爱好者自行学习的参考用书。

◆ 主　编　曹琳羚
　　副主编　高汉君　王　宁　唐　辉　万依依　王佳文
　　责任编辑　姚雨佳
　　责任印制　彭志环

◆ 人民邮电出版社出版发行　　北京市丰台区成寿寺路 11 号
　　邮编　100164　电子邮件　315@ptpress.com.cn
　　网址　https://www.ptpress.com.cn
　　北京市艺辉印刷有限公司印刷

◆ 开本：787×1092　1/16
　　印张：13.75　　　　　　　　2025 年 5 月第 2 版
　　字数：264 千字　　　　　　2025 年 5 月北京第 1 次印刷

定价：59.80 元

读者服务热线：(010)81055256　印装质量热线：(010)81055316
反盗版热线：(010)81055315

前 言 | 致热爱或即将爱上建筑速写的你

为什么写这本书？

　　虽然市面上已经有许多关于建筑速写的书，但我还是坚持写完了本书。起因是有一天我着手学习一种完全陌生的画种时，发现自己与没有任何绘画基础的初学者一样，也是一头雾水。那时作为读者的我十分希望有一本书能带领我这样的"小白"进入新的绘画领域。但当我怀着激动的心情去阅读相关的书籍时，却发现它们对我的学习没有太多实质性的指导。因为这类书大多是写给有一定基础或已经入门的人看的。我联想到也许还有许多人在学习建筑速写时也与我当时一样无助。而在我教授的建筑速写的课堂上，我的学生并没有这样的困惑，因为我所讲的内容详细到能指导他们真正完成一幅画作，并且在学生遇到具体问题时我能及时加以点拨。实际上，建筑速写这种偏理性、操作类的画种更多的是需要老师传授自己的经验，就像传统的师傅带徒弟那样，"手把手"地教，徒弟在积累了一定经验后才能领悟。

为什么说这是一本专为初学者打造的书？

因为这本书会具体告诉初学者该如何做……

　　本书是我倾尽关于建筑速写的全部经验，专门为初学建筑速写的人打造的。虽然本书针对初学者，但书里不光讲现象，还探究原理，并且讲解如何实施。在学习绘画时老师常说"要画得有层次"，但怎样才能画出层次？又说"要画出虚实"，这就更难了。如何才能表现出虚实？哪里该虚哪里该实？要搞清楚这些问题是需要长时间在练习中摸索的。而本书第四章就对这些问题进行了详细的解答。

因为本书讲的透视简单具体……

　　许多初学者由于没有掌握透视的要领而痛苦不堪，甚至产生逃避的心理，一开始就受挫而不想再继续学下去。但正确的透视关系是支撑一幅理性建筑速写完稿的关键，因此我在书中花了大量的篇幅讲透视。本书不是简单地讲原理、给出步骤图，而是力图使读者通过对本书的学习，拥有在纸上构建任意透视空间的能力。在讲透视的章节里，除了有原理的讲解，还有详细的透视绘画步骤。因为在纸上实际构建透视空间时，会出现许多具体的问题，这些都不是初学者能独立应对的，所以在讲完透视原理后，本书选择了具有代表性的场景，教大家构建该场景的透视结构，并且尽量讲透彻各步骤的原理。在经过多次这样有指导性的练习后，初学建筑速写的你就能积累一定的经验，再加上自我领悟，最终达到举一反三的学习效果。

如何学习本书？

首先，看了本书的目录之后你会发现，其内容与其他同类书的不同之处是两点透视和三点透视并没有紧接在一点透视之后。这是考虑到一个初学者对透视的接受过程而特意安排的。因此，初学者务必按照书中知识点的顺序或附带的授课计划表进行学习。当然，有一定基础的读者也可以通过前六章最后的思维导图，找到自己需要补充学习的地方再进行阅读。思维导图既是对该章内容的总结，也是该章知识点的索引。在学习完一章后，读者应回顾学习的内容，查漏补缺，对于不懂的地方，对照着知识点后标注的页码再次进行回顾，以达到更好的学习效果。

其次，本书设有相应的练习及建议，请读者务必一一完成这些练习、仔细阅读相关建议，如此才能顺利地继续学习新的内容。

最后，在仅凭文字难以讲清的知识点旁附有视频的二维码，读者扫描二维码可以观看对应的微课视频。这也是本书的特色。

祝大家在学习建筑速写的道路上，快乐，或痛并快乐着。

写给使用这本书的老师

老师您好，感谢您选择这本书作为教材。本书的结构虽以章节的形式呈现，但内容与练习多是模块化、项目式的。您在使用这本书时可参考授课计划表，根据学生的学情选择起始模块，如图 0-1 所示，也可以根据实时学情强化或快速带过某个模块。

图 0-1 教学内容模块知识点、技能点分布

在本书中，除了知识与技能的讲解，还融入了一些立德树人的内容，这在授课计划表中的"情感与方法目标"中有明确表示。希望通过您的引导让学生养成锲而不舍、精益求精的工匠精神，树立学生的民族自豪感与爱国情怀。

本书由曹琳羚担任主编，由高汉君、王宁、唐辉、万依依、王佳文担任副主编。参与编写的还有核工业西南勘察设计研究院有限公司、四川玖意家居装饰有限公司等的企业人员。

由于编者水平有限，书中难免存在疏漏和不足之处，恳请广大读者批评指正。

曹琳羚（Takin 羚羊）

2025 年 1 月于成都

授课计划表

学习模块	教学内容	情感与方法目标	建议课时	作业
一、绪论（第一章）	1. 介绍课程 2. 工具介绍 3. 建筑速写问题分析	了解手绘在未来工作中的作用；做好坚持不懈的精神建设；掌握"各个击破""循序渐进"的学练方法	4	课堂练习：根据一幅一点透视的照片用铅笔画出建筑速写 （练习目的：摸清学生建筑速写基础，找到授课难度的起点；学生在完成此任务时将会产生许多疑问，这正能促使他们在接下来的课程中寻找答案）
二、一点透视（第二章第一节、第二节）	1. 一点透视原理 2. 一点透视画法步骤演示	培养空间逻辑思维、观察能力、执行力	4	课堂练习：快速建立一个一点透视空间，并用书中的方法从各已知面建立块体（第二章第一节练习） （练习目的：这个练习至关重要，能考验学生是否真正领会一点透视原理，检验他们是否能运用透视原理自由构建出透视结构，学生在练习、纠正错误的过程中能不断巩固一点透视的画法，使其成为一种习惯）
三、线的表现（第三章）	1. 正确握笔画线的方法 2. 如何画出生动的线 3. 如何用线表现明暗	培养练习的恒心与耐心	4	课堂练习1：用正确的姿势在A3纸上练习画长线，熟练后尝试在指定两点间准确画出直线 （练习目的：让学生感受在正确的姿势下是能画出又长又直的线条的，再进一步则是练习画线的准确性） 课堂练习2：用"设计师专用线"徒手画块体 （练习目的：通过这个练习，让学生熟悉使用钢笔的感觉，最终达到不惧怕直接使用钢笔画画的程度） 课后练习：用钢笔临摹一点透视建筑速写作品若干 （练习目的：由于学生之前已经学习过一点透视，这时临摹一点透视的建筑速写作品有助于复习、查漏补缺，同时练习线的表达，熟悉钢笔的使用）
四、斜一点透视与多消失点场景（第二章第三节）	1. 斜一点透视的原理 2. 场景中出现多个方向建筑时的画法	继续强化透视思维；进行多组透视练习时训练耐心并理清思路	4	课堂练习：构建转弯小巷的透视关系，教师巡回指导 （练习目的：大多数初学者在遇到多个消失点的场景时常会一头雾水，这时需要帮他们理清思路） 课后练习1：跟着第二章第三节的步骤画出转弯小巷的钢笔速写（第七章第二节有作画视频二维码，可扫码观看） 课后练习2：找一张喜欢的一点透视或斜一点透视场景的照片，将其画成钢笔速写 （练习目的：练习根据照片建立一点/斜一点透视场景，并尝试用线表现现实物体。这时学生会对物体的表现方法感到困惑与吃力，这样会激发他们对物体表达方法的学习欲望，为接下来的第五章教学埋下伏笔）

建筑速写轻松学（微课版 第2版）

学习模块	教学内容	情感与方法目标	建议课时	作业
五、常见物体的画法（第五章）	植物的画法	培养坚持不懈的精神；感受国画"树法"中造型和运笔对现代速写的启发	4	课堂练习：植物基本笔法的练习、树枝的练习 课后练习1：临摹植物单体 课后练习2：临摹以植物为主的建筑速写作品
	水的画法	了解国画中的叙事性在效果图制作中的重要性	2	课堂练习：平静水的基本画法、小溪跌水的画法（练习目的：纠正学生错误的画水习惯） 课后练习1：临摹有平静水的钢笔速写作品 课后练习2：临摹有跌水的钢笔速写作品 课后练习3：看照片绘制或写生平静的水以及流动的水
	石头的画法	培养学生的耐心与细心，面对大量石子的场景时能冷静分析、合理表现；感受画石头时线条的轻重变化和节奏感，同时认识中国园林的常用景观石	2	课堂练习：临摹第五章第三节图5-64中的石头，教师巡回指导 课后练习：临摹以石头为主的场景速写作品，如第七章第二节中的广西山中土屋速写
	坡屋顶与瓦的画法	了解中国传统建筑	4	课堂练习：坡屋顶的构建，近景瓦、远景瓦的练习 课后练习1：查找、收集当地传统屋面构造，并绘制图形笔记 课后练习2：写生或临摹有坡屋顶和瓦的场景速写，例如第七章第一节中的"案例1西塘古镇1"
	道路与地面的画法	强调人机工学的重要性，培养学生面对台阶绘画时所需的耐心与细心，引导其运用系统的观察方法与有效的绘画步骤完成复杂且富有空间逻辑的物体表达	2	课堂练习：重新审视之前画过的场景速写，自我检查道路与地面是否有透视问题、表现方式上是否有欠缺，并加以改正
	人物的画法	培养归纳与概括的能力	2	课后练习：反复临摹第五章第六节图5-125中的各种人物，直到可以背临为止（练习目的：如果没有经过长时间的人物速写的训练，想要临时创作出场景人物是很困难的，因此可以通过背临几种常见的人物动态来应对场景中所需人物的绘制）

学习模块	教学内容	情感与方法目标	建议课时	作业
六、两点透视与圆的透视（第六章第一节、第二节、第三节）	1. 两点透视原理 2. 两点透视画法步骤 3. 圆的透视原理 4. 圆的画法步骤	继续强化透视思维；习惯消失点在纸外；通过对中共一大会址的写生培养爱国情怀	4	课堂练习：用铅笔建立两点透视场景，并从已知面自由建立块体和圆 （练习目的：巩固两点透视原理，检验学生是否能运用透视原理自由构建出透视结构） 课后练习1：跟着第六章第二节所讲步骤画出图6-7的场景 课后练习2：对两点透视场景进行写生 （练习目的：写生时一边画一边回顾本节所做示范，将理论应用到实践中，查漏补缺）
七、画面布局（第四章）	1. 选景 2. 构图 3. 画面处理	强化观察能力，培养自主学习、思考的方法与习惯；通过"留白""画中的诗情"了解中国传统绘画在意境表达上的优势，了解这种方法在效果图制作中的作用与意义	4	课后练习：运用本章所学寻找写生点，完成一点透视或两点透视的建筑/场景速写 （练习目的：当到这个程度时，学生基本已经掌握了建筑速写必要的技能，因此可以多做一些写生的练习，可先找一些小的建筑作为画面主体，再慢慢增加难度）
八、三点透视（第六章第四节）	1. 三点透视原理 2. 三点透视画法步骤	培养学生自主学习的能力，鼓励学生尝试不同视角的场景绘画，增强学生的自信心与挑战精神，随着学生逐步攻克三点透视这一绘画难点，让学生提升自我认同感，从而敢于挑战更高难度的创作任务	4	课后练习：运用本节所学寻找高大的建筑进行写生，完成三点透视建筑/场景速写
合计			44	

上表中的课时数为理论教学所需时间，教师可根据学生的学习情况增加评讲作业、外出写生、集体练习等时间。在讲解了新的透视画法后，一定要留出足够的时间让学生多练习，慢慢消化知识。

目 录

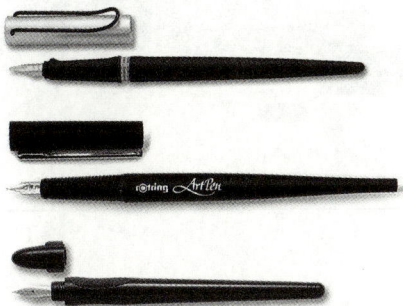

第四章　画面布局

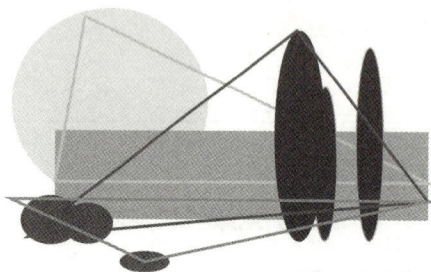

第五章　常见物体的画法

第六章　两点透视、圆的透视及三点透视

第七章　综合案例分析及例图

第一章 | 绪论

第一节 为什么学习建筑速写

建筑速写是建筑设计、环境艺术设计等专业必学的一门专业基础课。要真正学好建筑速写，应先了解建筑速写的本质。

一、建筑速写的作用

建筑速写有收集素材、训练空间思维能力、培养美感的作用。

在还没有照相机的时候，艺术家们都通过速写的形式收集素材，建筑设计师也是如此。但如今已经有了数码照相机，为何还要用速写来收集建筑素材呢？

首先，设计师以速写的方式收集素材时，往往会仔细地观察速写对象，可以准确地记录下自己观察并消化后得到的重点信息。在以速写方式进行记录时，设计师可以画出建筑的整体，也可以只画出细节、结构等局部。在速写的过程中，设计师可以一边画一边观察一边思考，并且可以自由地在手稿上进行备注。这样的行为比拍照收集素材增加了理解、消化、备注的过程，使资料收集者印象更加深刻，在后期整理资料时能够清晰地回忆起记录的要点，这是拍照记录所不能达到的效果。

其次，无论是规划师、建筑师，还是环艺设计师，他们所进行的都是空间的游戏。在用建筑速写收集素材时，设计师观察的速度放慢，能更加仔细地对建筑构件之间的关系、建筑物的空间尺度等进行充分的理解与体会。图1-1所示为我国著名建筑学家梁思成、林徽因先生为保护我国古建筑，不辞辛苦到我国各地搜寻历代古建筑，并实地勘察，用手绘的形式进行建筑结构的记录和收集工作。

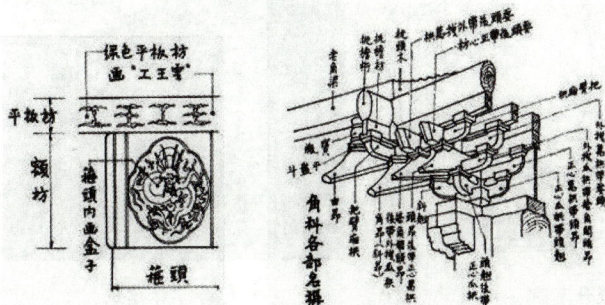

（a）梁思成手绘建筑结构及标注

图1-1 梁思成、林徽因实地考察并现场记录

1

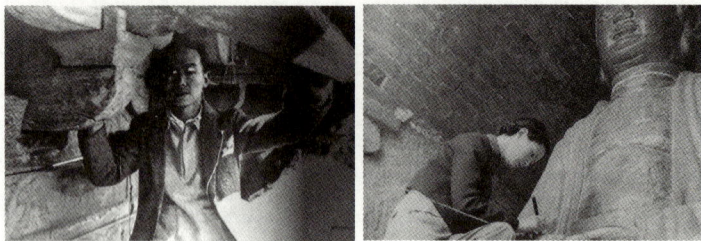

（b）梁思成、林徽因现场测绘

图 1-1 梁思成、林徽因实地考察并现场记录（续）

二、速写是记录与捕捉灵感最快的方式

在脑电波控制技术成熟之前，人的手和大脑仍是关系最亲密、反应最迅速的"合作伙伴"。有人说，现代软件技术已经非常发达，画图都可以在计算机上完成。但事实是手绘仍然无法被替代，尤其是手绘草图。因为设计是一种创造，是灵感的碰撞。笔与纸不需要电源与启动时间，可以随拿随用，就算是方便的手机、平板电脑、手绘板也存在启动与反应时间，然而灵感却转瞬即逝。CAD、3ds Max、Photoshop、SketchUp 等制图、绘图、建模软件虽然拥有便捷的操作、绚烂的特效，但其具体操作依然无法跟上大脑的思维，不能在第一时间表现出设计的灵感，并有可能打断和妨碍设计思路。因此，这些软件实质上是作为一种进一步完善创意和草图的工具存在的。

你可能也会说："现在我画得好丑，线也画不直，没有用计算机画得好看"。虽然形状与线条的完美状态似乎可以通过软件快速达成，相较之下，用手绘的方式来表达反而显得非常笨拙吃力，但这样的情况只是暂时的，只需多加练习，手绘在捕捉灵感方面会更具优势。一位成熟的设计师在进行设计时往往都是先通过手绘草图的形式把一堆想法和灵感表现在纸上，如图 1-2 所示。这些想法可能是碎片式的，但一旦呈

工作流程中的手绘

（a）设计草图　　　　　　　　　（b）实体建筑

图 1-2 建筑大师弗兰克·盖里
（Frank Gehry）设计的"会跳舞的房子"

现在纸上，设计师就可以对它们进行反复推敲，之后再将其在软件中进行验证、细化和效果处理。这就是速写这种看似简单的表现形式至今仍在艺术、设计界处于至关重要的地位的原因。

三、Just do it

有时候我们画画不是为了高考、不是为了考研，也不是为了成为设计师、艺术家，只是出于热爱！我们可以选择一种或多种表现形式，那是我们心仪的绘画方式，我们热爱并痴迷着。Just do it！

如果带着完成任务的心去画画，那么这些画很容易没有灵魂。

第二节　建筑速写的表现形式

形式只是对已有的表现方法的一个总结，并非一种规定或限制，至于选择哪种风格全凭个人喜好。但需要注意的是，若是为了建筑设计、景观设计、室内设计打基础而学习建筑速写，那么应当更倾向于理性的、写实的画法；若是为艺术而创作建筑画，那么形式和神韵的表达都要自由得多，不必拘泥于结构与空间表达的准确性。因此，我们应该结合自己的需求根据已有的表现形式选择或创造出自己的风格。

下面列举一些常见的建筑速写表现形式。

一、线为主——工具：钢笔、铅笔、毛笔、马克笔等

使用单纯的线能非常理性地表现建筑结构与细节，如图 1-3（a）所示，也能画出一幅具有浓厚装饰意味的画，如图 1-3（b）所示。

（a）工具：钢笔（作者：王其钧）　　　　　　（b）工具：钢笔

图 1-3 以线为主的表现形式

二、明暗为主——工具：铅笔、钢笔、马克笔等

这种形式更能强调光影感，如图 1-4 所示。

（a）工具：钢笔（作者：张建庭）　　　　　（b）工具：宽头铅笔（作者：况晗）

图 1-4 以明暗为主的建筑速写

三、线与明暗结合——工具：钢笔、铅笔、美工笔等

这一类的表现形式在实际运用中最为常见。线有助于表现结构，明暗关系有助于表现建筑的空间关系，如图 1-5 所示。

（a）工具：钢笔（作者：耿庆雷）

图 1-5 线与明暗结合

（b）工具：铅笔　（作者：钟训正）　　　　　（c）工具：钢笔（作者：唐亮）

图1-5　线与明暗结合（续）

四、淡彩——用铅笔或钢笔勾线，用马克笔、水彩、彩色铅笔等施以淡彩

这种形式相比之前黑白的画面而言更能表现环境的光影与色彩关系，在线描或线面结合的画面中施以淡彩，能使画面中的景物更富有空间感，而色调的渲染能烘托出不同的氛围，如图1-6所示。

（a）钢笔淡彩（作者：周昭柏）　　　　（b）钢笔淡彩（作者：唐亮）

图1-6　淡彩

（a）钢笔淡彩（作者：周昭柏）

（b）钢笔淡彩（作者：唐亮）

（c）铅笔淡彩（作者：坂田融）

图1-6 淡彩（续）

第三节　工具

　　总的来讲，速写对工具的要求并不高，只需纸和画线的笔即可。但为了获得更好的画面效果、使绘画过程更加顺畅，绘画工具的选择与搭配还是存在一定技巧的。例如，若使用钢笔画线，则应当搭配较为光滑的纸，以便提高绘画时的流畅度；若使用铅笔画线，则需要搭配表面较为粗糙的纸，以便能更好地将石墨粉留在纸上。

　　下面介绍几种常见工具的选择方法。

一、铅笔

1. 用于起形的铅笔

　　建议使用2B～4B木杆铅笔，字母B前数字越大，笔芯越黑、越软，如图1-7（a）所示。不建议使用自动铅笔，因为起形时动作幅度大、画线长、握笔姿势与写字有所不同，所以要求速写的木杆铅笔笔芯的外露部分比写字时长，如图1-7（b）所示。而由于自动铅笔的笔芯露出部分较短，在起形时会限制绘画的动作，影响起形的感觉与准确性，因此不宜用自动铅笔起形。

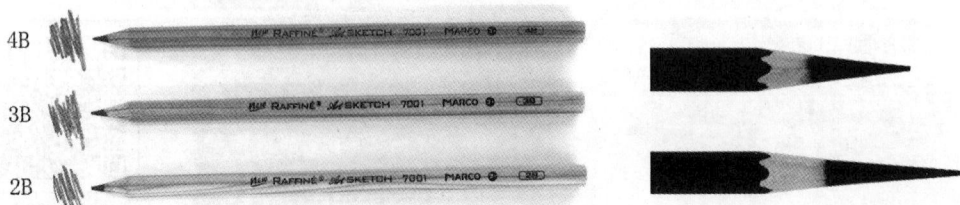

（a）2B～4B木杆铅笔　　　　　　　　　（b）绘画用铅笔头的长度

图1-7 铅笔

绪论　一点透视　线的表现　画面布局　常见物体的画法　两点透视、圆的透视及三点透视　综合案例分析及例图

2. 用于表现效果的铅笔

建议使用笔芯为 2B 的自动铅笔或 2B ~ 4B 木杆铅笔。

二、墨线笔

墨线笔，顾名思义就是能画出墨线的笔。用这种笔画出的线边缘清晰、无法修改。

不建议使用带滚珠的笔，如中性笔或圆珠笔。因为这类笔在画线稿时，容易在铅笔底稿上打滑，出现断墨现象，并且由于笔尖没有弹性，画出的线没有粗细变化，显得死板，再加之有些质量低劣的笔出墨不顺畅，会使整个画面给人焦灼难耐的感觉。

1. 纤维笔头的笔

这一类笔的出墨方式类似水彩笔，其适应纸张的能力强，并且不会在铅笔底稿上出现打滑、断墨现象。

这一类笔有三种常用的类型，接下来每一种类型会列举一些实用的品牌。

（1）针管笔。代表品牌有樱花牌或三菱牌，其最大的特征为防水并有多种粗细型号可选。针管笔本来是用于画一些严谨的建筑图纸或机械图纸的，在这些图纸中，绘图者能根据表达内容的不同需要画出不同粗细的线。针管笔的型号表示笔尖的粗细以及画出线的宽度。例如，在理想的状态下用 005 号针管笔所画出的线的宽度为 0.20mm，用 05 号针管笔画出的线的宽度为 0.45mm，如图 1-8 所示。为方便初学者选择型号，这里给出一些建议：根据纸张的大小选择，A4 的画幅建议选择 02 ~ 05 号的针管笔，更小的纸可选 005 号的针管笔，更大的纸可选 05 ~ 08 号的针管笔。这个建议仅供参考，大家可以根据个人对线条粗细的喜好来选择型号。真正的针管笔都是防水的，使用防水的针管笔绘制线稿有利于后期用马克笔或水彩上色。

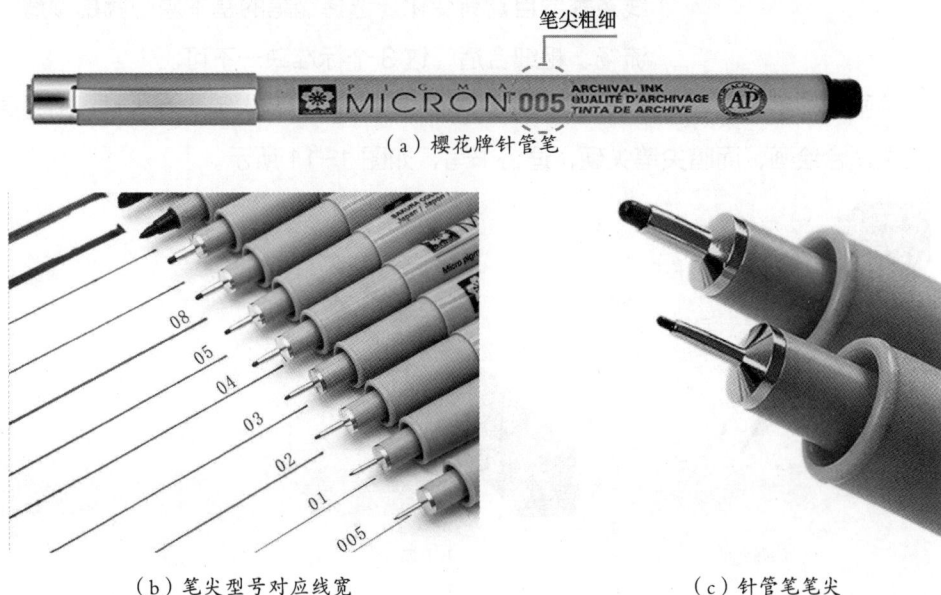

（a）樱花牌针管笔

（b）笔尖型号对应线宽　　　（c）针管笔笔尖

图 1-8 针管笔

（2）秀丽笔。代表品牌有斑马牌，其最大的特点是笔尖为软尼龙头、墨水防水。秀丽笔的手感与毛笔类似。其绘出的线条柔美但不易控制，粗细变化非常大，因此作画速度受限。笔尖有大楷、中楷、小楷可选，如图 1-9 所示。

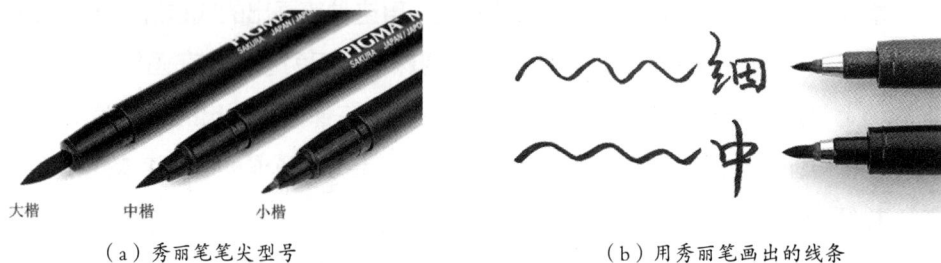

| （a）秀丽笔笔尖型号 | （b）用秀丽笔画出的线条 |

图 1-9　秀丽笔

（3）如果不考虑防水性，还有许多笔值得尝试，如"慕娜美 3000"，如图 1-10 所示。这种笔的可选颜色丰富，但没有粗细型号可选；其笔尖触感舒适，绘出的线条优美，能画出少许粗细变化。

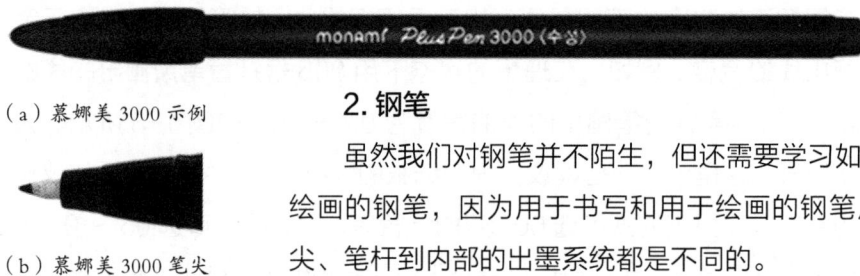

（a）慕娜美 3000 示例

（b）慕娜美 3000 笔尖

图 1-10　慕娜美 3000

2. 钢笔

虽然我们对钢笔并不陌生，但还需要学习如何选择适合绘画的钢笔，因为用于书写和用于绘画的钢笔从外部的笔尖、笔杆到内部的出墨系统都是不同的。

钢笔是钢笔速写的最佳选择，因其笔尖有弹性，画出的线条秀丽且富有变化。选择钢笔的基本原则就是顺滑、出水流畅、粗细合适，这 3 个标准缺一不可。

绘画用的钢笔的笔尖要选用明尖，而不要选择暗尖。明尖笔尖有弹性、出墨更快，因此更适合绘画，而暗尖笔尖硬，适合书写，如图 1-11 所示。

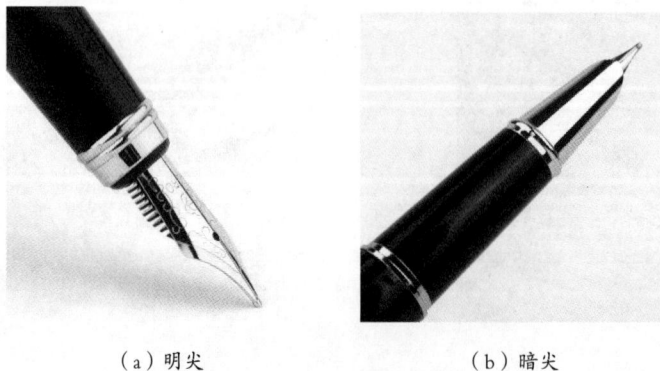

（a）明尖　　　　（b）暗尖

图 1-11　钢笔笔尖形态

此外，握笔区域的长短也有讲究。绘画用钢笔要选择握笔区域较长的笔杆，如图 1-12 所示，否则，绘画时容易显得局促。

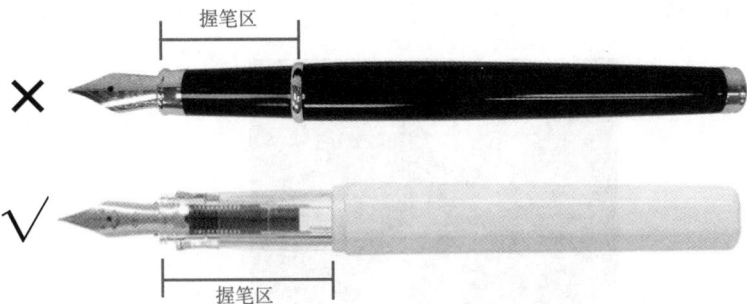

绪论

一点透视

线的表现

画面布局

常见物体的画法

两点透视、圆的透视及三点透视

综合案例分析及例图

图 1-12 钢笔握笔区长短选择

现代的钢笔笔尖粗细有型号可以选择，如 ef、f、m 等，粗细程度从细到粗，如图 1-13 所示。但这种对于粗细的划分只能在同品牌中进行比较，也就是说不同品牌的同型号钢笔的笔尖粗细可能相差甚远。

图 1-13 钢笔笔尖处的型号

在造型上，有一种钢笔笔杆很长，尾部变细，如凌美的 LAMY JOY、红环的 ARTPEN、百乐的贵妃 FP50R，如图 1-14 所示。这种造型形成的原因是绘画时握笔靠后、手腕转动幅度增大，因此增长笔杆便于使用者上下调节握笔位置，且逐渐变细的尾部使得绘画时能拥有最佳平衡感。

凌美 LAMY JOY

红环 ARTPEN

百乐 贵妃FP50R

图 1-14 长杆钢笔

还有一种钢笔的笔尖设计成弯折状，常被称为"美工笔"，如图 1-15 所示。这种笔适合用于艺术表现，但对于初学者而言不易控制，容易"误入歧途"，因此不建议一开始就使用这样的钢笔。

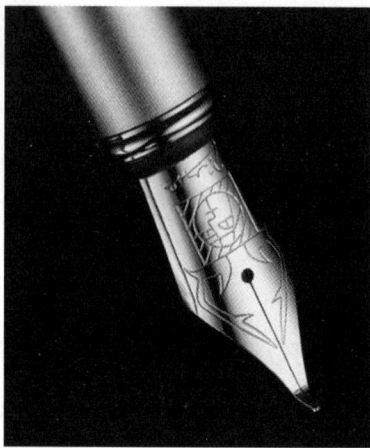

图 1-15 美工笔笔尖

三、钢笔墨水

这里主要讲黑色钢笔墨水。选择黑色钢笔墨水有 4 个主要参考因素：是否防水；是否堵笔；洇纸程度；黑的程度。

黑墨水一般分为碳素墨水和非碳素墨水两大类。碳素墨水非常黑，一般干了以后是防水的且不会洇纸，但是特别容易堵笔且很难清洗。而非碳素墨水不会堵笔，但大多不防水且颜色不够黑，根据品牌不同会呈现出棕黑色、蓝黑色。一些厂家在生产墨水时还会为了提高书写时的流畅度而调整墨水的流动性，但往往流动性大的墨水容易洇纸。

当我们用钢笔画速写时，理想的墨水是够黑、防水（便于水彩或马克笔上色）、不洇纸、不堵笔。可目前市面上还没有这样的墨水，一般来说，防水与不堵笔是不可兼得的，且流畅度与洇纸度也是相互影响的。不过，绘图者可以根据不同墨水的特性采取不同的措施来弥补它们的不足。

例如，PILOT（百乐）墨水（见图 1-16）虽然不防水，但用马克笔上色时却不会晕开，因此使用马克笔上色时我们可以选择这款墨水。这款墨水的流动性强且不堵笔，但容易洇纸，因此需要保护好纸张避免受潮脱胶。

图 1-16 PILOT（百乐）墨水

前面介绍的都是价格比较昂贵的墨水和钢笔，但钢笔速写不是一个非要昂贵画材不可的画种。初学者可选择碳素墨水，如老板牌"高级碳素墨水"。但需要注意的是，有些品牌的碳素墨水也不防水，大家在购买时需要试一下。老板牌"高级碳素墨水"的优点是黑亮、防水、便宜（只需要几元钱），但缺点是非常容易堵笔。要克服这个缺点，就需要绘图者选择一支出水流畅、书写顺滑、笔尖较粗且便宜的钢笔，如日本产的百乐笑脸钢笔（M尖）。百乐笑脸钢笔虽不如凌美"狩猎者"在设计界的名气大，但它的性价比远超凌美"狩猎者"。再者，由于低端碳素墨水堵笔，对于钢笔内部结构的伤害几乎是不可逆的，所以在使用碳素墨水时，需要每天勤奋地练习，使笔中墨水常换常新，保持墨水不干、不产生沉淀物。另外，还需要定期用温水浸泡、清洗钢笔内部，将碳素残渣尽可能多地冲洗出来。所以，选用有缺陷的墨水督促自己勤加练习也不失为一种学习钢笔速写的好方法。

四、纸张的选择

选择钢笔速写用纸的基本原则有两点：较为光滑、不易洇纸。特别需要注意的是，不宜使用表面粗糙的纸张，如素描纸。用钢笔在这种纸上绘画时缺乏流畅度，很容易刮擦出许多纸纤维，从而堵住钢笔的出水缝。

下面介绍几款纸，厚度从低到高，克数越高的纸越不容易洇纸。

1. 打印纸

选择打印纸绘画时尽量选择80克的，代表品牌有Double A（见图1-17）。在进行打印、复印时普遍使用70克打印纸，但这种纸在使用钢笔绘画时容易洇纸，因此选择80克打印纸能有效改善墨水洇纸的问题。而Double A的80克打印纸由于其纸面有胶质涂层，因此不仅不易洇墨，且适用于马克笔上色。

图1-17 Double A牌打印纸

2. 水彩纸

如果想要后期进行钢笔淡彩上色，可以选择水彩纸进行速写。水彩纸分为木浆纸与棉浆纸，木浆纸由于其吸墨性不足往往会出现不吃色、有水痕、无法叠加的现象，但由于钢笔淡彩对水彩的扩散与叠加的要求不高，因此可以根据个人喜好进行选择。要论上色效果，当然还是棉浆纸更好。

最后再次提醒大家：扎实的绘画功底才是王道！功夫不到家，再好的画材也是浮云！

这正如真正的剑术高手一样，只有练好"内功"，有了扎实的功底，才不辜负像"干将莫邪""倚天"这样的好剑，不然就只能摆弄一些唬人的花架子。

第四节　什么样的建筑速写是好速写

也许你已经尝试着画一些建筑速写了，但总感觉力不从心。就像下面这个例子。

现实场景如图 1-18 所示，在脑海中想象出的画面是图 1-19 这样的，最终画出来的却是图 1-20 这样的……

图 1-18　现实场景

图 1-19　想象中的效果

图 1-20　实际画出的效果

下面简单介绍决定一幅建筑速写好坏的 3 个关键点：透视、线的表达、画面布局。

如果把建筑速写比作一个人，透视是骨架——直接决定他的身高、身材比例、五官；线的表达就是他的皮肉——决定他的胖瘦；画面布局就是拍照的角度与后期 PS（图像处理），决定是否能通过角度的变化、后期处理为这个人扬长避短。

从以上比喻不难看出透视的基础性和重要性，大家也许已经注意到有些大师在作画时或其画作中并没有过多重视透视关系，更加重视的是表现的方式与效果。这也是我要向大家表明的一个重要观点：设计是一门严谨地将工学与美学完美结合的学科。如果你画建筑速写的目的是收集素材，为以后的建筑设计、室内设计、景观设计打下基础，那么应当注重理性地表达出素材本身，也就是应该重视透视关系的练习。还有一部分建筑、风景速写大师承袭国画的传统，画作中带有更多的国画基因，更注重气韵的表达、画面的布局，这类以绘画创作为目的的建筑速写更重视的是表现效果。

初学者的各项技能都还处于起步阶段——透视关系"烧脑"、物体不知如何表达，甚至连线都画得歪七扭八，要完成一幅建筑速写，尤其是写生，已经是举步维艰。因此，学习建筑速写应该抱着步步为营、各个击破的态度。初学时可以适当使用铅笔起稿辅助，尤其是在建筑结构较为复杂的情况下，初学者先使用铅笔画好透视关系，再进一步考虑线的表达和物体取舍等问题。如此能最大限度地减少心理压力，增加绘画成就感！等到后期透视关系烂熟于心，画面处理、物体表现都胸有成竹时，绘图者就可以不起铅笔稿而直接画线稿了。

言归正传，下面从透视、线的表达、画面布局3个方面对图1-20进行分析，简单地点出了这幅图所存在的问题，如图1-21所示。希望这幅图能让大家简单感悟到画好一幅速写的要点。

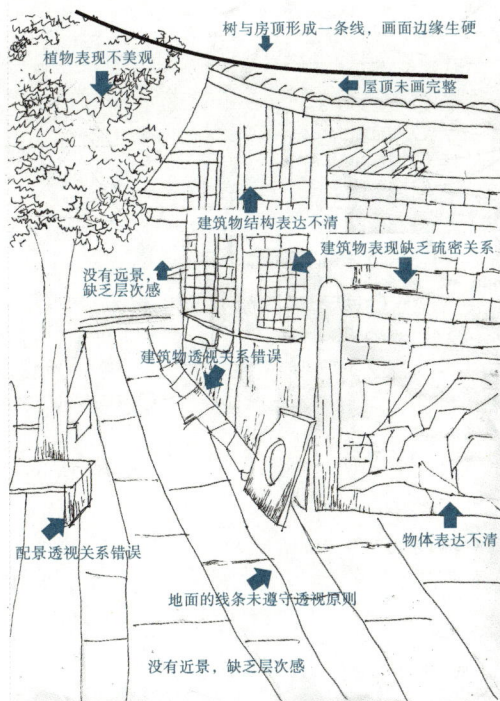

图1-21 建筑速写常见问题分析

图中的问题基本是初学者出错频率最高的地方，这些问题可归纳为3类，如表1-1所示，同时这些问题涉及一些能力。因此同学们可以通过分析自己的画作找到自己能力缺失的地方并有针对性地进行学习和训练。这些问题和能力训练均会在本书后面的章节中一一进行讲解。

表 1-1 图 1-21 中的问题分类总结

问题现象	问题分类	涉及能力
建筑物透视关系错误 配景透视关系错误 地面线条未遵循透视原则 屋顶未画完整	透视	透视理论与运用 空间逻辑、空间分析 严谨性
建筑物结构表达不清 植物表现不美观 物体表达不清	表达	观察力 线的表现力 表达方法的积累
没有远景，缺乏层次感 没有近景，缺乏层次感 树与房顶形成一条线，画面边缘生硬	画面处理	形式美法则的认知与应用

第一章　思维导图

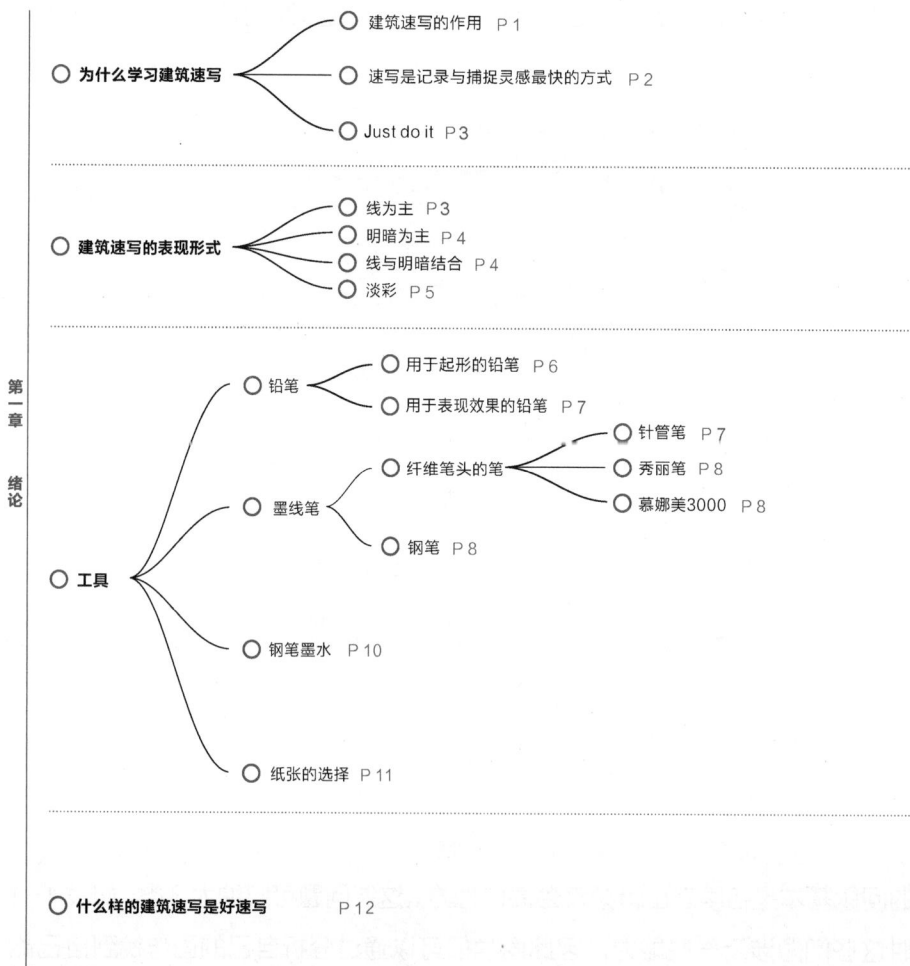

绪论

一点透视

线的表现

画面布局

常见物体的画法

两点透视、圆的透视
及三点透视

综合案例
分析及例图

第二章 | 一点透视

透视在大多数初学者的心中是一条"无法逾越的鸿沟"，那是因为许多人一开始学的是透视学。若透视学是一片大海，那么建筑速写所要用到的透视知识就是沧海一粟。因此，本书讲述透视的特点是适时、实用、步步进阶，从最简单的一点透视场景开始，经过两点透视，再到三点透视，整个过程贯穿整本书，逐步添加新的透视术语和透视原理，给初学者留出充足的消化、吸收的时间。在最初讲解一点透视时，为了减轻初学者的学习负担，本书摒弃了透视学中以缩写字母表示透视术语的惯例，直接使用中文名称。

第一节 一点透视的原理

一点透视原理

一、认识一点透视

1. 什么是透视

透视不是指看透一切的透视眼能力，而是诸如近大远小的现象。这种现象因为人类眼球的生理结构而产生。我们无须过于纠结产生透视现象的科学道理，只需掌握透视的规律并且能正确画出透视场景即可。

常用的透视有一点透视、两点透视、三点透视，如图 2-1 所示。

（a）一点透视

（b）两点透视

图 2-1 常见的三种透视

（c）三点透视

图 2-1 常见的 3 种透视（续）

在现实中，一些本应该平行的线在我们的视野中却发生了变形，我们的任务就是找出本应平行的线在我们眼中以什么样的规律进行着变形，并且能将它们重现在画纸上。

2. 学习透视的基本思维

在开始学习透视之前，大家应养成一种思维习惯——将所有的建筑物都看成几何体，如图 2-2 所示。

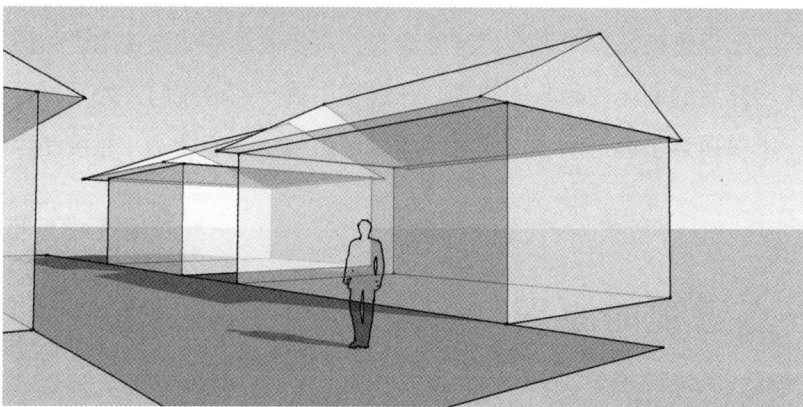

图 2-2 将建筑物看成几何体

建筑物的基本形体就是长方体。众所周知，长方体由 3 个面、12 条边组成。而这些边又可分为 3 组，如图 2-3 所示。a、b、c 这 3 条线为长方体中 3 个方向的线，其他线都分别平行于它们。

了解了这一点我们就可以开始学习透视了。

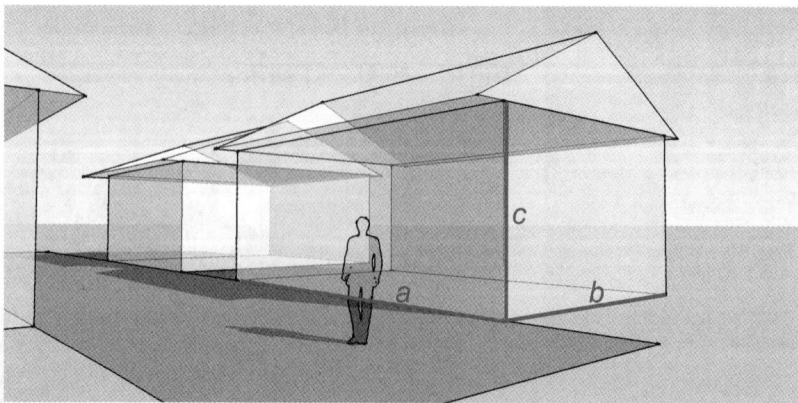

图 2-3 长方体 3 个方向的线

3. 什么样的情况下会形成一点透视场景

我们常看到的场景通常属于以下 3 种透视关系：一点透视、两点透视、三点透视。而对画面起决定性作用的是观察者的站位点与视线的方向。我们常会采用一点透视视角来表现小巷、街道、走廊等。它们的共同点是具有纵深感。回想一下铁路、隧道、走廊的情景，会有一种往画面中心消失的感觉，观看的人则身处其中或站于一端，如图 2-4 所示。

图 2-4　一点透视场景

在对一点透视有了大致的了解后，我们还需要更为准确地描述会产生一点透视视角的站位和视线特点。具体如下。

（1）观察者平视前方（不仰视、不俯视），如图 2-5 所示，因为仰视或俯视形成的是三点透视的视角。

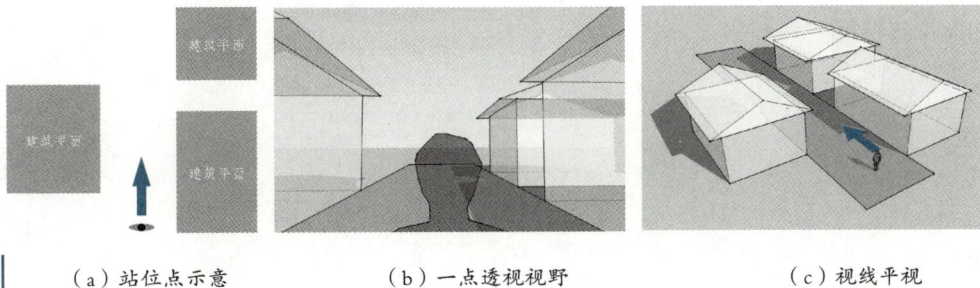

（a）站位点示意　　　　（b）一点透视视野　　　　（c）视线平视

图 2-5　一点透视站位特点（1）

（2）观察者的视线垂直于建筑物平面的某一边，如图 2-6 所示。

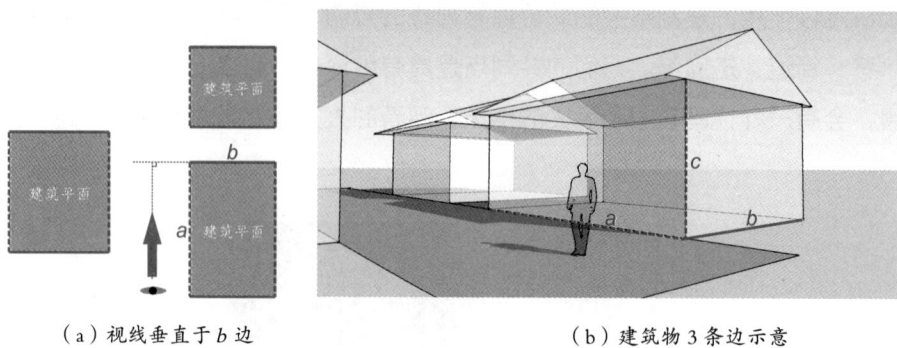

（a）视线垂直于 *b* 边　　　　　　　　（b）建筑物 3 条边示意

图 2-6　一点透视站位特点（2）

在以上条件下，我们将与视线垂直的建筑物边线 *b* 称为横向线，将与视线同方向的边线 *a* 称为纵向线，如图 2-7（a）所示。横向线与纵向线的名称为本书自创，目的是便于初学者记忆，其并非国际通用称呼，在以往的教学中这些线被统称为透视线。还有一个方向的线就是"高"，如图 2-7（b）所示。

（a）　　　　　　　　　　　　　　　　　（b）

图 2-7　一点透视中线的名称

在了解了建筑物中 3 个方向的线的名称之后，我们就可以从现象中来寻找一点透视的规律与特征。

二、一点透视中各要素的特征

1. 一点透视场景中建筑物 3 个方向的线的特征

图2-8所示的是我们将要画的一个场景，在这个场景中有很多细节，让人感觉复杂难画。

图2-8 写生场景（1）

如果将建筑物看成几何体并忽略一些无关紧要的细节，那么情况会变得简单很多，如图2-9所示。

图2-9 简化后的街道模型

简化后的建筑物几何体结构关系明显，我们更容易把握透视关系。从模型中可以看出建筑物纵向线的延长线消失于远方的一个点，这个点就是消失点。消失点所在的水平线为视平线，如图2-10（a）所示。不论视点如何变化，建筑物纵向线的消失点总在视平线上，如图2-10（b）所示；建筑物的横向线则呈现出水平的状态，高都是垂直于视平线的。

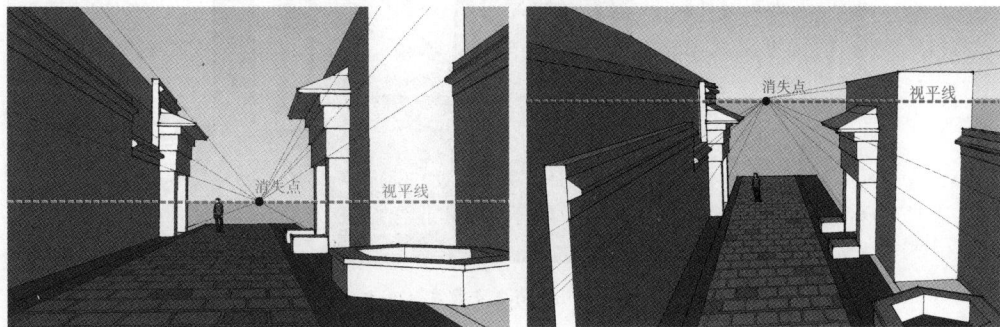

（a）消失点与视平线介绍

（b）不同视点高度下的消失点与视平线

图2-10 消失点与视平线

通过观察总结出一点透视中，建筑物 3 个方向的线的特征如下。

（1）纵向线消失于消失点。

（2）横向线水平。

（3）高垂直于视平线。

在透视中除了关心 3 个方向线的特征，还应该关注消失点、视平线与画面中其他要素之间的相互联系。

2. 消失点的基本特征

消失点的基本特征如下。

（1）（平行于地平面的线形成的）消失点位于视平线上。

（2）相互平行的纵向线拥有同一个消失点。

（3）消失点的"左右"取决于视点的"左右"，如图 2-11 所示。

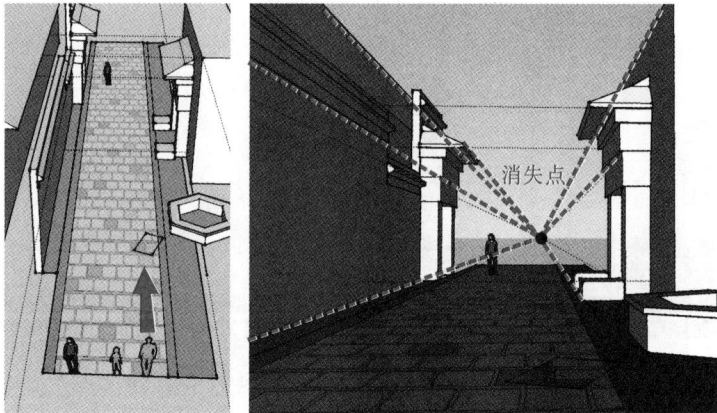

（a）消失点靠右

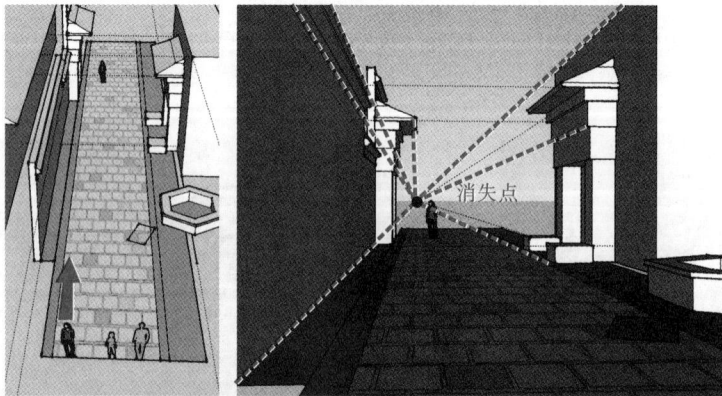

（b）消失点靠左

图 2-11 消失点与视点的关系

3. 视平线的基本特征

视平线的基本特征如下。

（1）视平线水平。

（2）视平线的高低取决于视点的高低。视点与视平线的关系如图 2-12 所示。

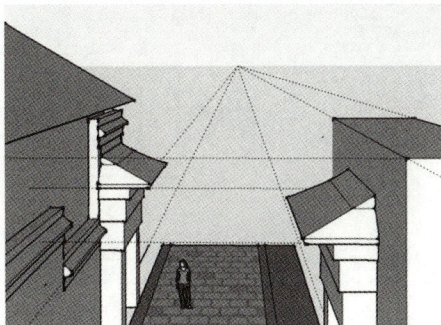

（a）视点低——视平线低

（b）视点高——视平线高

图 2-12 视点与视平线的关系

（3）越靠近视平线的透视线越平。

A、*B*、*C*、*D* 为不同高度的纵向线段，如图 2-13 所示。仔细观察线段 *A*，不难发现它处在视平线上，与横向线一样是水平的；*B*、*C* 相对 *D* 离视平线更近，因此更平缓；*D* 离视平线越远，因此更斜。

往往在画墙面的纹理时会忽略纹理的透视关系，如墙砖、百叶窗等，因此在这里特意提出，希望大家在今后的练习中多加注意。

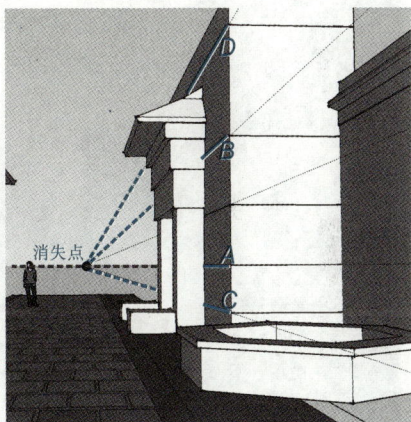

图 2-13 纵向线与视平线的关系

掌握了以上透视要素的特征后，我们就可以尝试画出照片上这个场景的透视结构了。

【练习】一点透视场景中的块体建立

练习要点：

1. 熟练建立一点透视场景与物体；

2. 养成从已知面起形的习惯；

3. 有意识地寻找物体之间的空间关系并能正确画出。

建立一点透视

在一点透视场景中自由地进行块体建立，如图 2-14 所示。应遵循从已知面起形的原则，切不可从空中起形。绘图者在画块体的每一条线时，都应当思考"这是属于纵向线、横向线还是高？这条线应该遵循什么透视原则？"这个练习旨在使初学者快速建立起画透视的习惯，同时初学者需要注意视频中讲述的物体间的位置关系问题。因此，这是一个不可忽视的练习。

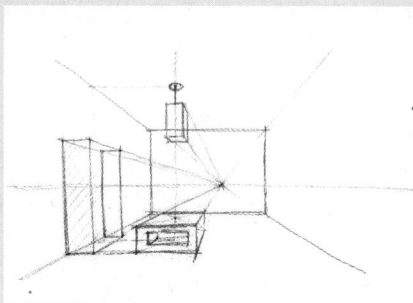

图2-14 一点透视场景中的块体建立

第二节　一点透视写生

图2-15 现场照片

这一节将以图2-15为例讲述现场写生时一点透视的画法。首先将现场照片简化为如图2-16所示的模型示意图，读者跟着步骤就能在复习一点透视原理的同时画出这一街道的结构。由于现场写生与看照片画的方法有些许不同，在适当的地方会插入看照片画的方法。

一点透视现场起形

图2-16 模型示意图

一点透视现场写生的步骤如下。

第1步：取景。

拍照前，拍照者会用手框出较为满意的景色。而绘图者在面对照片时有时也需要对已有画面进行取舍，如图2-17（a）所示。选定要画的区域后，绘图者在纸上先画一个小稿，再观察与调整构图，对画面中的物体进行初步的取舍，如图2-17（b）所示。第四章中将详细讲解如何对画面进行美化处理，现阶段读者可以不用太多考虑这一问题。

（a）取景示范

（b）构图小稿

图2-17 取景

第2步：观察。

（1）观察小巷两边的建筑物是否共用一个消失点——只有当两边的建筑物处于平行的状态时，它们才共用一个消失点。在这个场景中小巷两边建筑物处于平行状态，所以它们共用一个消失点，如图2-18所示。

（2）这些建筑物都是方正的，并没有斜墙（除了六边形的花池）。

下一节将介绍建筑物不共用消失点的情况，也就是小巷呈弧形的情况。

第3步：找出基准框。

基准框是一把标尺，在接下来的绘画中对场景透视、建筑物比例、物体位置关系都起着至关重要的作用。这里取的基准框主要用于确定小巷的高宽比例。

基准框的选择很灵活，大致需要注意以下两点。

（1）基准框形成的面必须垂直于视线，即它的横向线水平、高垂直于视线。

（2）基准框一般取在"中景"的位置。

这一场景选择的是街道两边门楼柱子的位

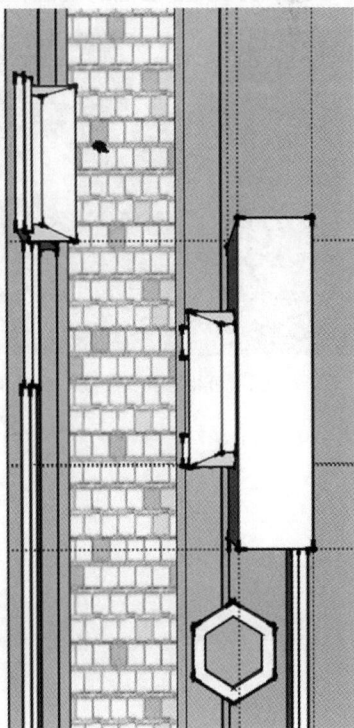

图2-18 街道的平面图

置，高取在门廊屋檐下方，如图 2-19（a）所示。找到基准框后就要在画纸上画出基准框——找准基准框在场景画面中的位置（中心偏右下），然后在纸上同样的位置画上纵横比相似的一个矩形框，如图 2-19（b）所示。

（a）在场景中找到基准框

（b）画出基准框

图 2-19 取基准框

第 4 步：找视平线与消失点。

在这一步中，画照片与写生时找视平线与消失点的方法有些不一样，请大家注意。

（1）找出视平线。

将笔水平置于眼睛同一水平高度，笔在场景中遮住的位置就是视平线的位置。这时，我们应当注意观察笔的位置在门柱的哪个高度，根据笔在门柱的位置确定视平线的高度，此处约为从基准框的地面往上 1/3 的高度，如图 2-20 所示。

（a）用铅笔找视平线（人视角）

（b）用铅笔找视平线（侧面）

（c）在纸上画出视平线

图 2-20 找出视平线

（2）测出基准框上 4 个点中某一点的纵向线的角度。

以基准框的某一点为基准，找到建筑物上的一条纵向线，用铅笔测出纵向线的角度，如图 2-21（a）所示。一般情况下，我们选择锐角的一边更容易估计出角度。在估计角度时，可以参考常见的几个角度，如图 2-21（b）所示。

错误的测量方法：用铅笔直接去测斜线的斜度再比画到纸上，如图 2-21（c）所示。这种测量方式是不科学的。

（a）用铅笔找出纵向线角度

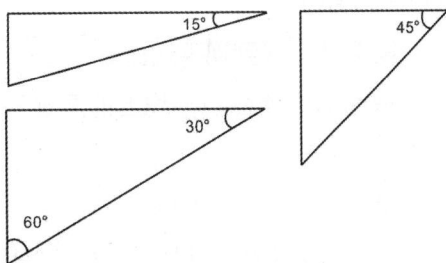

（b）可供参考的角度

（c）错误的测量方法

图 2-21 测量纵向线的角度

（3）找到消失点。

最后，根据所测角度在纸上相应位置画出这条纵向线，如图 2-22（a）所示，并反向延伸至视平线产生一个交点。这个交点就是消失点，如图 2-22（b）所示。

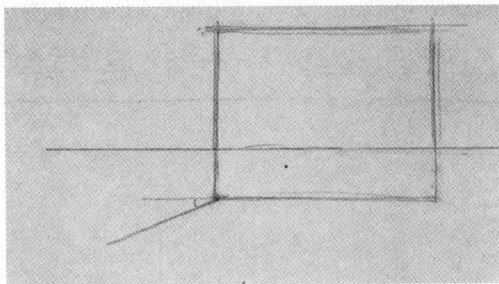

（a）

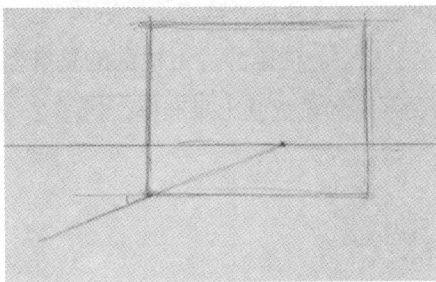

（b）

图 2-22 画出纵向线找到消失点

绪论　一点透视　线的表现　画面布局　常见物体的画法　两点透视、圆的透视及三点透视　分析及例图　综合案例

看照片的一点透视画法：基准框可在找到视平线以后再画，具体步骤如下。

第1步：找到消失点。

找到两条（在实际场景中）平行的纵向线，并找到这两条纵向线延伸后产生的交点，这个交点就是消失点，如图 2-23 所示。

图 2-23 延伸两条纵向线找到消失点

第2步：找到视平线。

根据消失点在视平线上的原理，在这个点上画一条水平线，这就是视平线，如图 2-24 所示。

第3步：找出基准框。

这一步需注意基准框的高和宽的比例，如图 2-25 所示。

图 2-24 找到视平线

图 2-25 找出基准框

第4步：画在纸上。

根据照片上视平线与消失点的位置，在画纸上找到对应的位置画出来。

（1）根据照片上找到的视平线位置——位于画面 1/2 处下方，在画纸上对应位置画出视平线，如图 2-26（a）所示。

（2）在视平线上找到消失点——视平线中间偏右的位置，如图 2-26（b）所示。

（3）根据照片上找到的基准框高与宽的比例，以及其与视平线、消失点的位置关系在画纸上画出基准框，如图 2-26（b）所示。

视平线

（a）画出视平线　　　　　　　　　（b）画出消失点与基准框

图 2-26 画在纸上

【注意】

画到这里绘图者常有这样的疑问：既然这个场景中只有纵向线消失到消失点，那么只需要找到消失点的位置就好了，为什么一定要画出视平线？

产生这种疑问是因为对着照片画时，消失点的位置很明确，似乎不需要视平线就可以找到消失点，但这种现象仅仅适用于画面中只有一个消失点的时候。当场景中的建筑物发生水平旋转时就会出现多个消失点。这时，我们就需要确保这些消失点在同一条视平线上，因此在最初绘画时就要养成找到视平线的好习惯。

写生时的视平线的高度定位尤为重要。许多绘图者在写生时常常画成俯视建筑物的角度，其原因就是没有找好视平线的高度。

在学习建筑速写初期一定要养成找好、画对视平线与消失点的习惯，因为视平线与消失点是一幅好的建筑速写的核心。另外要注意，视平线与消失点的位置一旦确定就不能移动，与之相关的建筑结构都需要以它们为依据。因此，要坚决杜绝出现"视平线就在这个区域"或是"消失点大概在这个范围"的思想。

第 5 步：根据消失点画出与基准框相交的纵向线。

从第 5 步开始，写生与看照片画没有明显区别，因此不再分别讲解。

（1）找到场景中从基准框的 4 个点延伸出的纵向线，如图 2-27（a）所示。

（2）在画纸上根据消失点画出建筑物上从基准框的 4 个点延伸出的几条纵向线，如图 2-27（b）所示。

　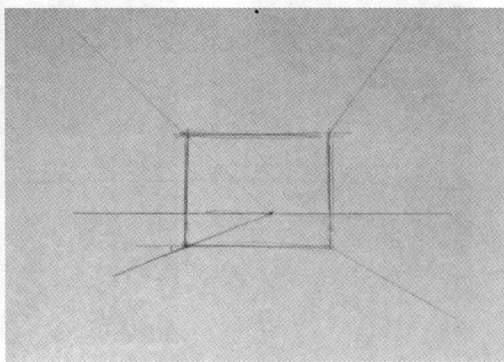

（a）　　　　　　　　　　　　　　　　　（b）

图 2-27　画出基准框 4 个点的纵向线

第 6 步：正确画出其他纵向线。

在这一步里，我们要以基准框为尺度标准，按比例推导出场景中其他纵向线的位置及物体在场景中的大小。

现在要画门楼边矮墙上的线 a，我们需要学会根据比例找出该线交于基准框高即线段 b 上的位置（A 点），如图 2-28 所示。

图 2-28 找出交点

当一条纵向线与基准框的线相交时，确定它们的交点位置尤为重要。因此，我们需要借助手中的铅笔简单估测出线段之间的比例关系，不可随意为之。

操作步骤如下。

（1）手臂伸直，将铅笔置于垂直状态，用拇指掐出需要测量的线段，如图 2-29（a）所示。

（2）移动手臂，拇指不动。测出剩余的线段与之前测量的线段的长短关系。在这里测出的结果为上部线段为下部线段的 1/2 多一点儿，如图 2-29（b）所示。

（a）　　　　　　　　（b）　　　　　图 2-29 测量比例

【注意】

用铅笔测量比例时，手臂一定要伸直，切不可弯曲，因为手臂弯曲会影响铅笔到眼睛的距离，继而影响测量比例的准确性。

（3）画在纸上。根据测得的比例，在基准框高上取出这段矮墙的高度，然后从该点连接消失点画出矮墙的纵向线，如图2-30所示。

第7步：正确截取高与高之间的距离。

初学者往往把物体的实际长度与透视后的长度相混淆。这是因为我们的大脑会自动估计物体原有的长度而篡改眼睛实际看到的长度，因此要通过训练排除这样的干扰。

图2-30 画出矮墙的纵向线

我们可以通过用铅笔测量墙体高（线段 c）与基准框高（线段 b）之间的距离（白色箭头线段 d），来学会正确截取高与高之间的距离的方法，如图2-31所示。

【注意】

白色箭头线段是水平的！用铅笔测量线与线之间的关系时，不能斜着测量。

图2-31 截取高与高之间的距离

相关操作步骤如下。

（1）与之前测比例的方法相同，将铅笔水平放置，用拇指标记出高与高之间的距离，如图2-32（a）所示。

（2）将铅笔转为垂直放置，看这一线段为基准高的几分之几，如图2-32（b）所示。在这一操作过程中手臂依旧不能弯曲。

（a）

（b）

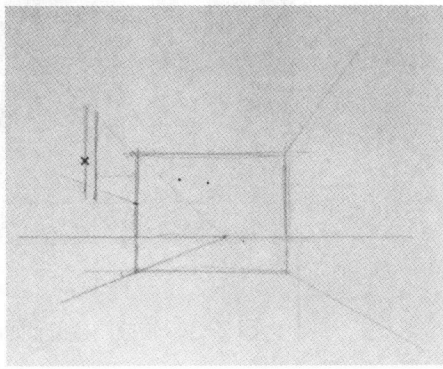

（c）

图2-32 画出墙高线的位置

通过测量，我们得到两条高之间的水平距离为基准高的 1/3。

（3）画在纸上。在已有的透视构架中根据所测距离画出另一条高的位置。在图 2-32（c）中，左边一条画有叉号的高是凭借直觉截取出的，而右边的高才是根据比例所得。由此看来，一般情况下，我们都会无意识地将一点透视中的纵向距离想得太长，所以在取纵向距离时需要格外严谨！

第 8 步：从已知面画出建筑结构。

无论是画一点透视还是其他透视，甚至是画轴测图，在构建建筑物结构时都应该从一个已知面上"推、拉"出体积。这是建筑造型的基础，也是建筑速写中不致使物体在空间中发生错位的要领！

这一步将以白色半透明部分表示出来的块体为例，讲述从已知面生成一个方体的方法，如图 2-33 所示。

具体操作步骤如下。

图 2-33 从已知面生成方体

（1）从已知面画一个横向面，生成门楼的侧面厚度，需要注意这个面的宽高比，如图 2-34 所示。

（a）

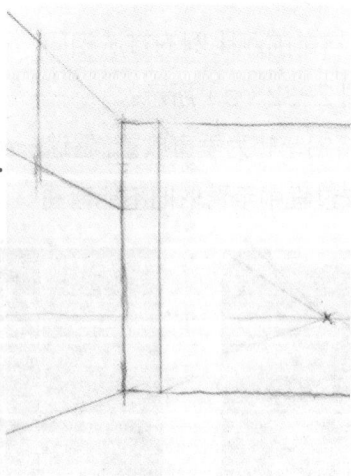

（b）

图 2-34 生成门楼的侧面厚度

（2）从横向面的右边两个转角点连接消失点，得到门楼正面的纵向线（白色虚线），如图 2-35 所示。

 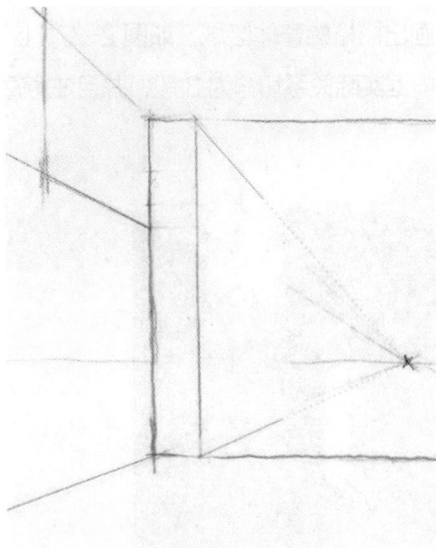

（a）　　　　　　　　　　　　　　（b）

图 2-35 门楼正面的纵向线

（3）测量出门楼正面两条高之间的水平距离与基准高的比例关系，如图 2-36（a）中的蓝色线段所示，画出门楼上另一条高，如图 2-36（b）所示。

（a）　　　　　　　　　　　　　　（b）

图 2-36 测量水平距离与基准高的比例关系

绪论

一点透视

线的表现

画面布局

常见物体的画法

两点透视、圆的透视及三点透视

综合案例分析及例图

第9步：画出门楼的门楣与门柱。

在这一步中介绍从整体到局部的"切分方法"。具体操作步骤如下。

（1）切出门楣。观察门楣整体在整个门罩中所占比例，如图2-37（a）所示，再在纸上画出门楣的整体区域，如图2-37（b）所示。切勿每次取一小段，逐一推进。将门楣区域根据实际关系切分为3段，并且注意每一段的大小比例关系，如图2-37（c）所示。

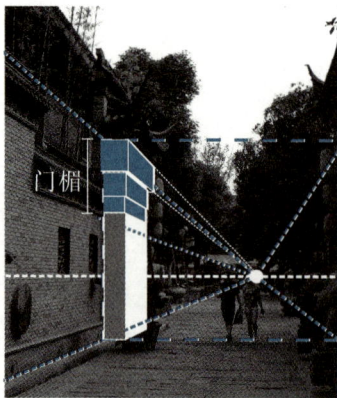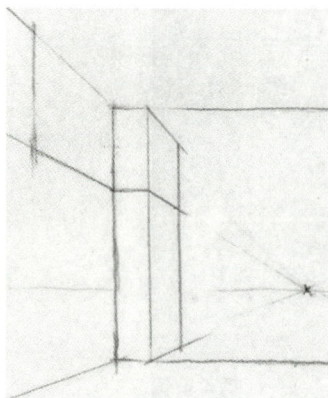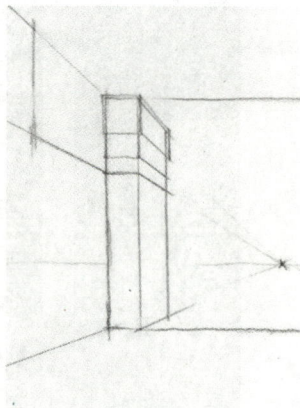

（a）　　　　　　　　　　　　（b）　　　　　　　　　　　　（c）

图2-37 切出门楣

（2）切出门柱。我们在画两个或多个同样高度、宽度、厚度的物体时，应先将它们看作一个整体，画出整体结构后再对个体进行划分。门两旁的石柱就不可分为两个立柱来画，应该将它们看作一个扁的长方体之后再做切割，如图2-38（a）所示。

在画门柱时，要注意高与高之间的距离，以及表现门柱厚度的横向线一定是水平的，如图2-38（b）所示。

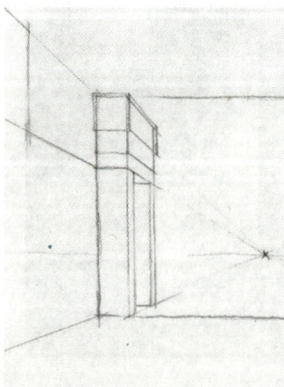

（a）　　　　　　　　　　　　　　　（b）

图2-38 切出门柱

第10步：画飞檐。

飞檐翘角是中国传统建筑中常见的建筑元素，其造型轻盈、弧线优美有力。在分析其结构时，要分析出飞檐的底面、飞檐产生弧度的位置及飞檐最高点，如图 2-39 所示。

飞檐的结构虽然看起来复杂，但依旧是遵循透视原则的。尤其需要注意飞檐底部的透视关系和两边飞檐翘角最高点的连线应当消失于消失点。

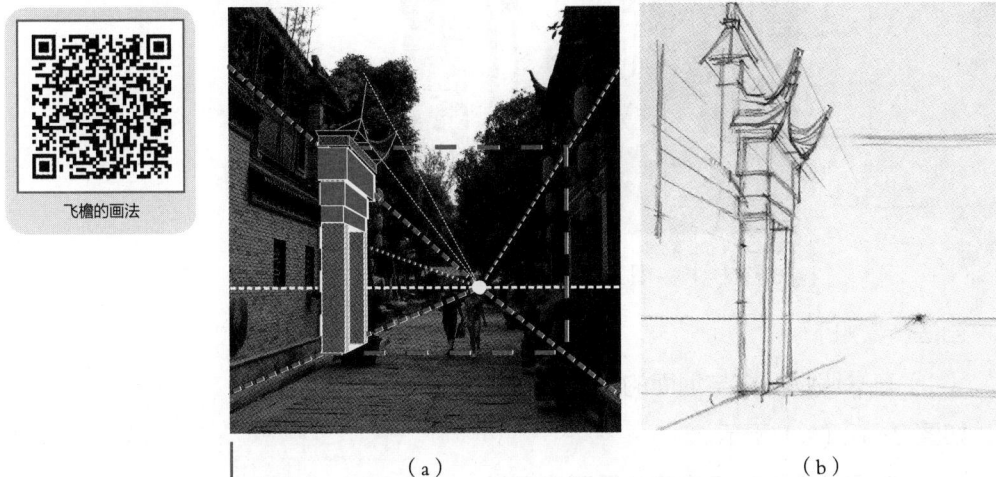

（a）　　　　　　　　　　　　（b）

图 2-39 画出飞檐

第11步：画人物。

在画场景内的人物时，最重要的是把握人物与建筑物的比例。如果比例不对，将会直接影响建筑物的体量感。人画小了就会显得建筑物庞大，人画大了又显得建筑物矮小。

画人物时，有两个决定人物大小的关键点——脚的位置、头的高度。

第一种情况：绘图者站在地面上。这时画中人物高度很好把握——无论其站在地面上哪个位置，其眼睛都与视平线同高，如图 2-40 所示。

（a）　　　　　　　　　　　　（b）

图 2-40 绘图者站于地面时的人物高度

第二种情况：视平线高于画中站在地面的人物，一般代表绘图者站在较高的位置。这时，我们就需要寻找参照物。在一点透视的场景中放一块垂直于视线的玻璃，人物的脚在玻璃的底边，头顶在玻璃的顶边。将玻璃置于右边门罩的柱子上，我们可以看到人物的高度约占柱子高度的 1/2，如图 2-41 所示。

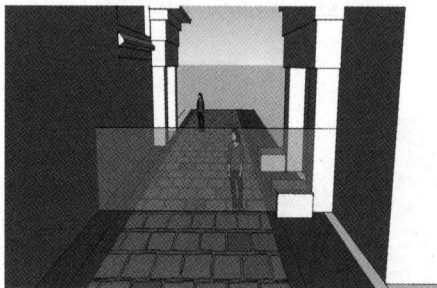

图 2-41 绘图者站于高处时的人物高度

画法步骤如下。

（1）在参照物门柱与地面的交会点画横向线，如图 2-42（a）所示。

（2）在门柱上人物高度的位置画横向线，如图 2-42（b）所示。

（3）按照头身比例画出人物，如图 2-42（c）所示。

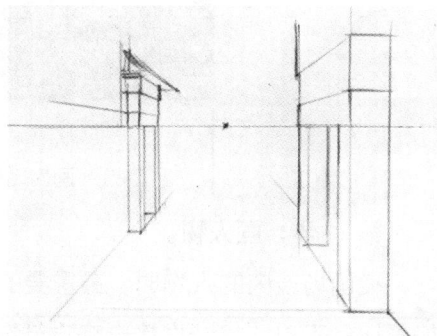

（a）

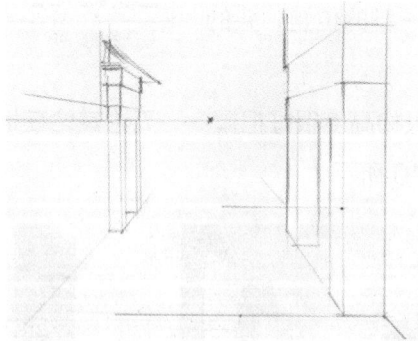

（b）

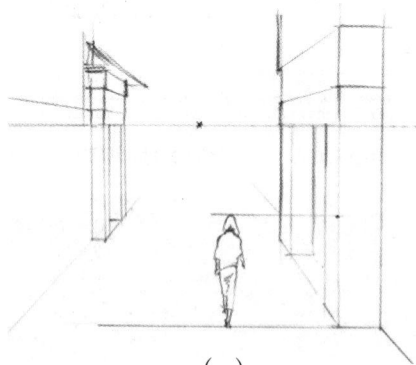

（c）

图 2-42 高试点的人物画法

熟悉了这种找参照物的画法后，便可以不用画辅助线了。人物有高矮之分，画面中的人物都是一样的高度反而无趣，因此可以画一些高大的男士和矮小的儿童，还可以画一些三五成群的人。只要画面中人物的基本高度与建筑物的比例不失调，人的动态、高矮、疏密丰富一些反而会使画面场景更加生动。

第12步：画植物与配景。

在这一步中要画出场景中其余的物体，需要考虑取舍与层次的营造，如图2-43所示。具体关于构图与画面处理的技巧将于第四章中详细讲解。

図 2-43 画出植物及其他配景

【注意】

虽然用铅笔起形可以减轻初学者的造型压力，但是也不宜画出太多细节，细节部分还需直接用钢笔（墨线）来表现。在这一点上，初学者切不可依赖铅笔，否则，钢笔画的线稿只是将铅笔稿描了一遍，画面会变得死板，失去表现力。

这条小巷的钢笔线稿会出现在第三章中，届时读者可将其与自己的画稿进行对比学习。

【练习】

1. 跟着本节的讲解步骤画出这条小巷的透视结构，并且尝试在此基础上画出钢笔线稿。

2. 找一个（张）一点透视的场景（照片），用铅笔画出透视结构，并且尝试在此基础上画出钢笔线稿。

第三节　一点透视、斜一点透视及多组透视

在实际写生时，常常还会遇到转弯的小巷，这类小巷画起来更加生动有趣，但它的透视关系营造往往会给绘图者带来困扰。这一节就介绍这类小巷的画法和与之相关的新增知识点，比如斜一点透视以及多组透视。

一、转弯小巷透视原理分析

面对转弯的小巷（见图2-44），我们依旧可以将它看作一点透视场景，只不过是拥有多组建筑以及它们形成的多个消失点的一点透视与斜一点透视场景。

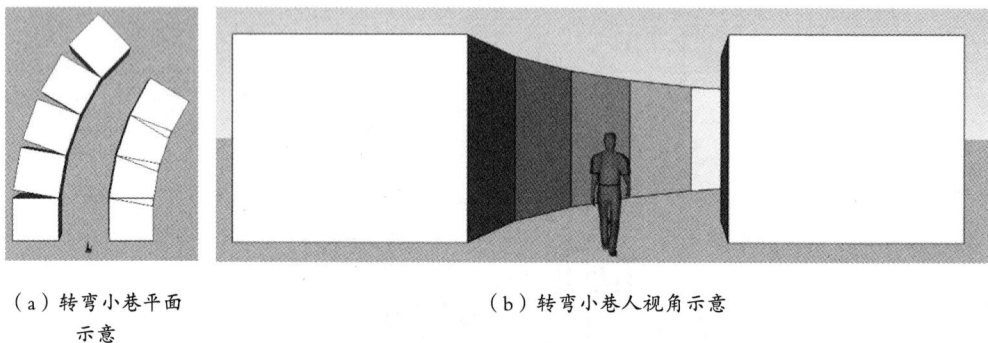

（a）转弯小巷平面
示意

（b）转弯小巷人视角示意

图2-44 转弯小巷示意

仔细观察图2-44（a）就会发现，转弯的街道或小巷中，每一栋建筑物之间都进行了轻微的水平旋转。当它们在平面视角下没有相互平行时，它们在透视视角下并不共用消失点。因此，在画这种场景时，我们需要先对这些不平行的建筑物进行分组，以便找到它们各自的消失点。

下面就来看看不平行的建筑物之间与平行的建筑物之间所产生的消失点的特征。

首先，将两组建筑进行对比，分别为：互为平行的条纹、白建筑，如图2-45（a）所示；不平行的斑点、白建筑，如图2-45（b）所示。

其次，我们先观察一点透视视角的情况：条纹、白建筑的纵向线共用一个消失点，如图2-45（c）所示；斑点、白建筑的纵向线形成了各自的消失点，如图2-45（d）所示，严格地讲，在这一视角里的斑点建筑已不属于一点透视的范畴，但由于旋转角度很小，因此，这种情况下的透视可以被称为斜一点透视。

最后，再看看两点透视视角下的情况：条纹、白建筑的透视线共用一组（左右各一个）消失点，如图2-45（e）所示；斑点、白建筑的透视线分别形成了两组消失点，如图2-45（f）所示。两点透视基本原理参见本书第六章第一节。

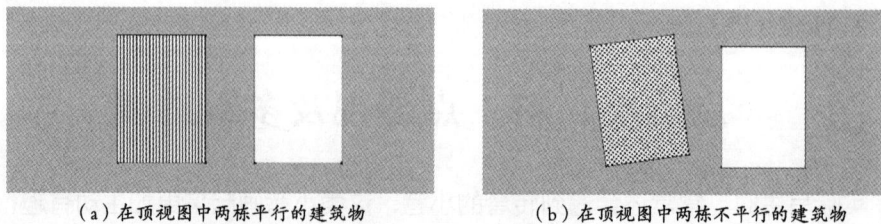

（a）在顶视图中两栋平行的建筑物

（b）在顶视图中两栋不平行的建筑物

图2-45 建筑物之间消失点形成关系分析

（c）一点透视视角共用消失点　　　　　　　（d）一点透视视角不共用消失点

（e）两点透视视角共用一组消失点

（f）两点透视视角形成两组消失点

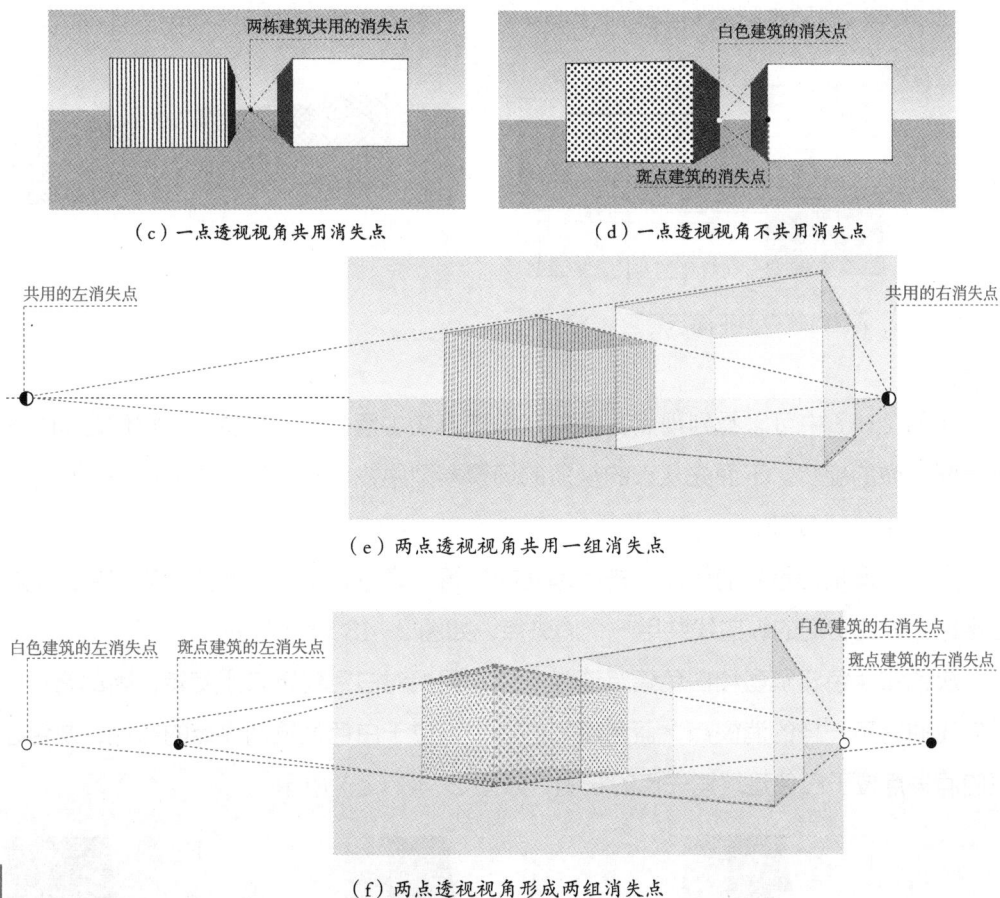

图 2-45　建筑物之间消失点形成关系分析（续）

二、写生场景分析

下面以图 2-46 中的小巷为例来讲解转弯小巷透视的原理及画法。

通过观察，我们可以很清楚地看到这条小巷在不远处开始转弯，因此这些建筑并不是平行的，所以应当先对场景中的建筑进行分组。

扫码看彩图

图 2-46　写生场景（2）

绪论　一点透视　线的表现　画面布局　常见物体的画法　两点透视、圆的透视及三点透视　综合案例分析及例图

下面通过模型来表现以上场景中的建筑物，如图 2-47 所示。

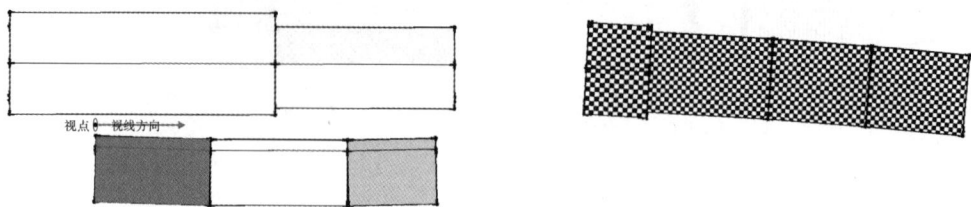

视点 ——视线方向→

图 2-47 场景建筑模型平面示意图

从图 2-47 中可以看到视点右侧有 3 栋建筑物（蓝、白、灰色），它们之间存在着一些轻微的旋转。下面先从人的视角的场景模型中找出它们所产生的消失点位置，如图 2-48（a）所示。

为了更清楚地看到消失点，先将远处的建筑物隐藏，由于小巷两侧的白色建筑相互平行，因此它们的纵向线共用一个消失点，如图 2-48（b）所示。

灰色和蓝色建筑虽和白色建筑连为一体，但相对白色建筑有所旋转，因此它们的纵向线拥有不一样的消失点，蓝色建筑的消失点位于白色建筑消失点的右侧，灰色建筑的消失点位于白色建筑消失点的左侧，如图 2-48（c）所示。

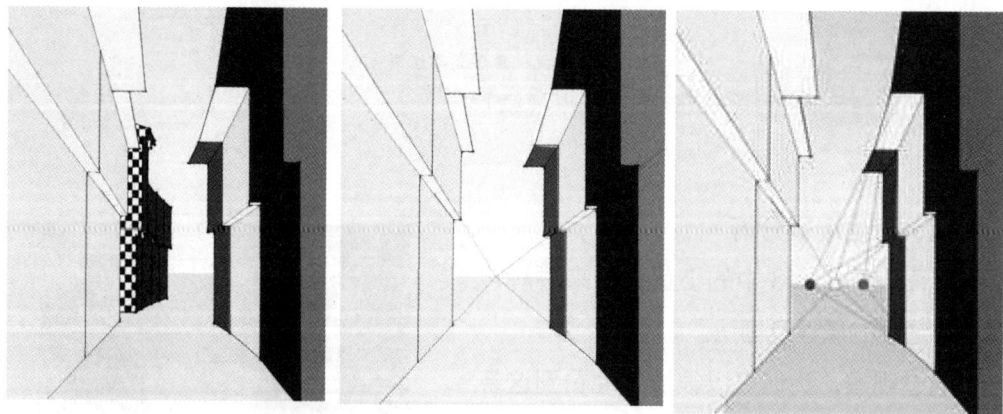

（a）场景建筑模型中人的视角　　　（b）白色建筑的消失点　　　（c）灰色和蓝色建筑的消失点
　　　的示意图

图 2-48 人的视角的场景消失点分析

【注意】

目前，这个场景中出现了 3 个消失点，但这并不是三点透视或两点透视，而依旧是一点透视。由于蓝色和灰色的建筑发生了轻微的旋转，严格意义上是斜一点透视。

斜一点透视是在一点透视的基础上，对视角或建筑进行轻微的旋转所形成的透视关系，如图 2-49 所示。

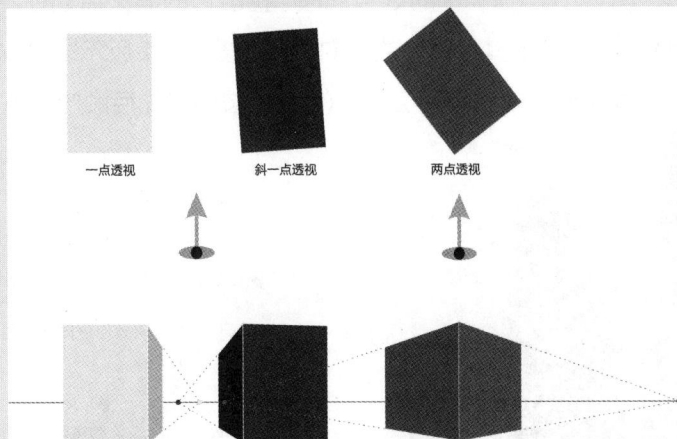

一点透视 斜一点透视 两点透视

图 2-49 斜一点透视与一点透视、两点透视的关系

斜一点透视实际上是有两个消失点的，一个靠近画面中心，另一个则在很远的地方。当一点透视变为斜一点透视时，其中的横向线稍稍倾斜，并在远方拥有一个消失点，纵向线则消失于自身不远处的视平线上，形成另一个消失点，所以这个消失点常位于画纸中。如果视点、视角不变，继续旋转建筑物，那么就会得到两点透视的效果。同样，若建筑物不动，则视点与视角发生变化也会由一点透视变为两点透视。

决定一个场景属于几点透视的标准是当一个主体建筑呈长方体时，3 个方向的线需要几个消失点，而不是看画面中出现了几个消失点。

三、建筑结构与透视的绘画步骤

下面详细讲解这条小巷的透视关系以及绘画时的具体步骤。

第 1 步：找到并画出基准框。

根据建筑物高和街道的宽度画出一个大致的基准框，如图 2-50 所示。

转弯小巷的画法

1.根据建筑高和街道的宽度画出一个框

（a）分析基准框高宽比　　（b）在纸上画出基准框

图 2-50 画出基准框

第2步：找到视平线与消失点。

在场景中找到视平线［图2-51（a）中的2号线段］，并根据左边建筑与基准框的一条纵向线［图2-51（a）中的3号线段］找出它的消失点［图2-51（a）中的4号点］，再根据消失点画出其余关键的纵向线，如图2-51所示。具体方法与上一节中介绍的相同，绘画详细步骤参考图2-51（b），按序号先后顺序排列。

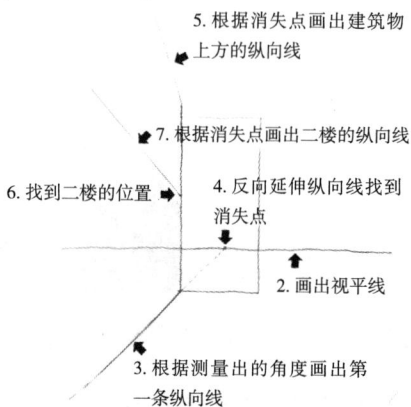

5. 根据消失点画出建筑物上方的纵向线

7. 根据消失点画出二楼的纵向线

6. 找到二楼的位置

4. 反向延伸纵向线找到消失点

2. 画出视平线

3. 根据测量出的角度画出第一条纵向线

（a）场景分析　　　　　　（b）作画步骤

图2-51 找到视平线与消失点

【注意】

一旦根据角度画出了由纵向线定下的消失点，那么这个建筑物中所有平行于该纵向线的线都将消失于这个消失点。

第3步：画出左侧建筑物内凹的部分并分割店铺。

具体操作步骤如下。

（1）用"从已知面推、拉"的方法画出店铺内凹的造型，如图2-52（b）中的8~10步所示。

（2）根据高和宽的比例分割每间店铺的宽度，如图2-52（b）中的11步所示。

【注意】

避免取太宽，方法参见第二章第二节。

（a）场景分析

图2-52 画出内凹造型及分割店铺

第4步：画出右侧的第一间店铺。

右侧第一间店铺（模型中的灰色建筑）与左侧店铺不共用消失点，因此，需要重新找到属于它的消失点。具体如下。

（1）根据与基准框高相交的纵向线角度找到该建筑物的消失点，如图2-53（b）中的12~13步所示。

（2）根据消失点画出关键的纵向线，如图2-53（b）中的14步所示。

（3）根据高宽比切出第一间店铺的宽度，并画出高，如图2-53（b）中的15步所示。

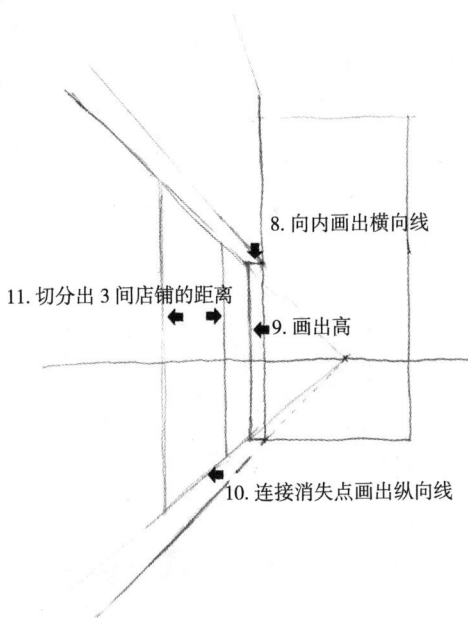

8. 向内画出横向线

11. 切分出3间店铺的距离

9. 画出高

10. 连接消失点画出纵向线

（b）作画步骤

图2-52 画出内凹造型及分割店铺（续）

12. 根据测量角度画出纵向线

13. 反向延伸这条纵向线得到新的消失点

15. 切出第一间店铺的距离

14. 根据消失点画出这条纵向线

（a）场景分析

（b）作画步骤

图2-53 画出右侧第一间店铺的门面

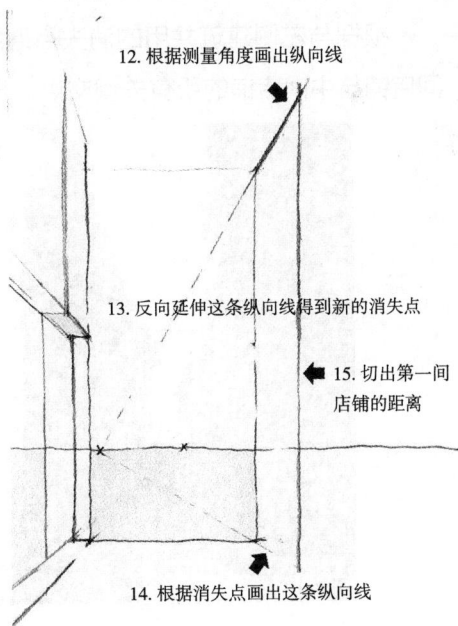

绪论

一点透视

线的表现

画面布局

常见物体的画法

两点透视、圆的透视及三点透视

综合案例 分析及例图

第 5 步：推出右侧第一间店铺的内凹部分。

方法与第 3 步相同，最终效果如图 2-54（b）所示。

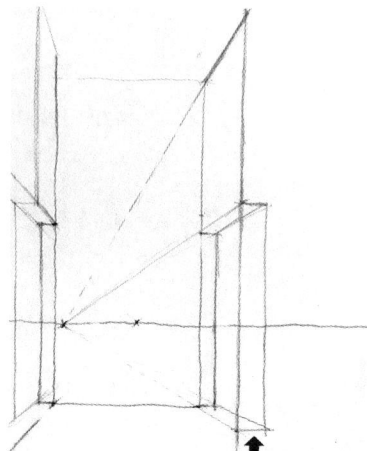

16. 根据消失点画出店铺内凹的部分

（a）场景分析   （b）作画步骤

图 2-54 推出右侧第一间店铺的内凹部分

第 6 步：画出右侧中间的店铺

根据与左侧建筑共用的消失点继续画出右侧中间的店铺。首先由消失点连接第一间店铺与中间店铺的所有关键交点，形成中间店铺的纵向线，如图 2-55（b）所示。

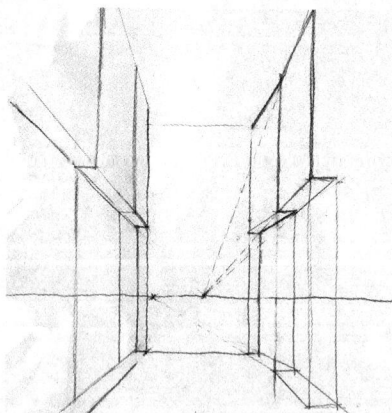

17. 由于中间店铺与左侧建筑共用一个消失点，因此根据中间的消失点画出这间店铺的结构

（a）场景分析   （b）作画步骤

图 2-55 画出右侧中间的店铺

第7步：画出右侧的第3间店铺。

（1）测量中间店铺与第3间店铺的某一交点引出的纵向线角度，如图2-56（b）中的18所示，获得消失点，如图2-56（b）中的19所示。

（2）根据获得的消失点画出其余的纵向线，如图2-56（b）中的20所示。

（a）场景分析

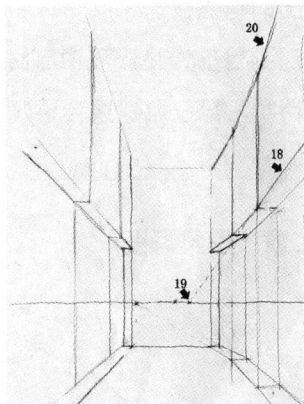

（b）作画步骤

图2-56 画出右侧第3间店铺

第8步：画出屋檐。

根据各个建筑的消失点画出它们所属的屋檐，如图2-57所示。

第9步：画出远处的建筑及地面。

用同样的方法找到远处建筑的消失点并画出远处的建筑以及地面的透视线，如图2-58所示。

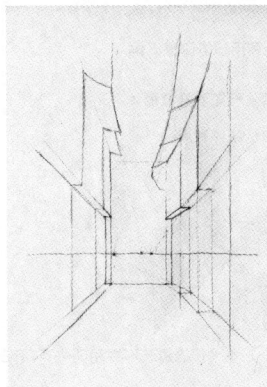

图2-57 画出屋檐

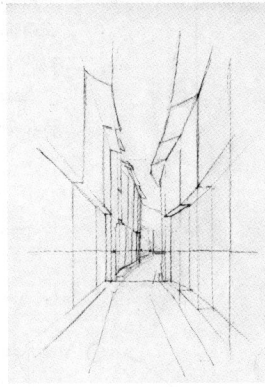

图2-58 画出远处建筑及地面

完整的钢笔线稿、马克笔上色稿及整个作画过程的视频二维码见第七章第二节。

当建筑结构与透视关系架构到这种程度时，绘图者就可以在此基础上用钢笔画线稿了。

一点透视是3类透视视角中最简单易画的，但也是其他透视的基础。读者学好一点透视的画法，便可以通过举一反三轻松学会两点透视、三点透视。

【练习】

1. 跟着本节的讲解步骤画出这条小巷的透视结构，并且尝试在此基础上画出钢笔线稿。

2. 找到一处转弯的小巷场景，用铅笔画出其建筑的透视结构，并且尝试在此基础上画出钢笔线稿。

虽然到目前为止还没讲到线的画法，但希望大家能在学习前自行尝试，带着困惑与期待学习第三章效果会更好。

第二章　思维导图

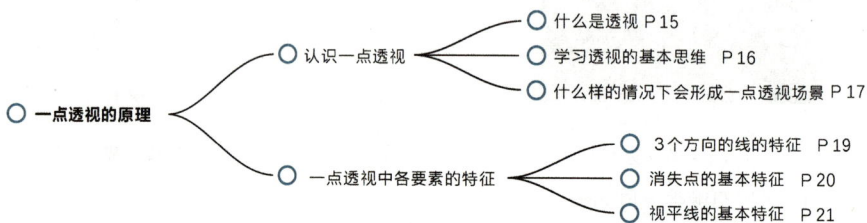

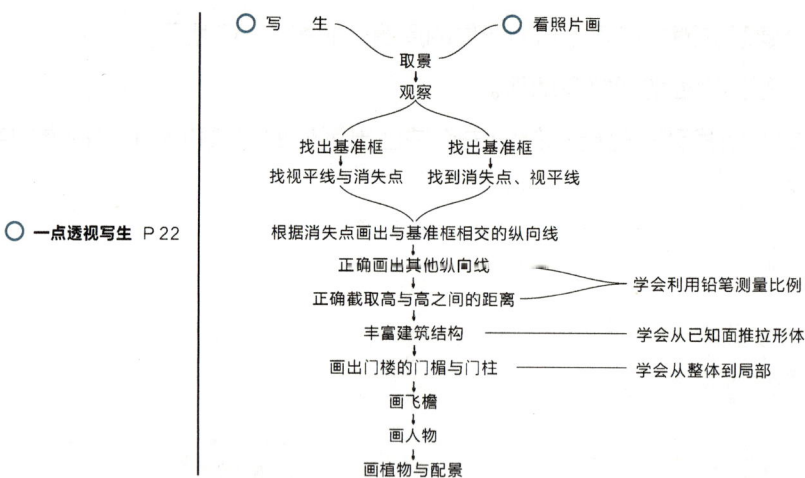

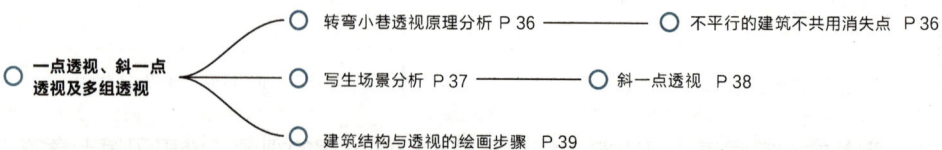

- 一点透视的原理
  - 认识一点透视
    - 什么是透视 P 15
    - 学习透视的基本思维　P 16
    - 什么样的情况下会形成一点透视场景 P 17
  - 一点透视中各要素的特征
    - 3 个方向的线的特征　P 19
    - 消失点的基本特征　P 20
    - 视平线的基本特征　P 21

- 一点透视写生　P 22
  - 写　生　　看照片画
    - 取景
    - 观察
      - 找出基准框　　找出基准框
      - 找视平线与消失点　找到消失点、视平线
    - 根据消失点画出与基准框相交的纵向线
    - 正确画出其他纵向线
    - 正确截取高与高之间的距离 —— 学会利用铅笔测量比例
    - 丰富建筑结构 —— 学会从已知面推拉形体
    - 画出门楼的门楣与门柱 —— 学会从整体到局部
    - 画飞檐
    - 画人物
    - 画植物与配景

- 一点透视、斜一点透视及多组透视
  - 转弯小巷透视原理分析 P 36 —— 不平行的建筑不共用消失点　P 36
  - 写生场景分析 P 37 —— 斜一点透视　P 38
  - 建筑结构与透视的绘画步骤　P 39

绪论

一点透视

线的表现

画面布局

常见物体的画法

两点透视、圆的透视及三点透视

分析及例图

综合案例

第三章 | 线的表现

每个画建筑速写的同学都想把线画得直直的，像比着尺子画得那么直，甚至看到有人能徒手画出一条直线时会不由自主"哇⋯⋯！"地叫出声。实际上徒手画直线也不是什么高深的技能，"我亦无他，惟手熟尔"，它只是在掌握了正确的方法后熟能生巧的结果而已。这就像《卖油翁》中的故事一样，熟练的关键在于练习多，一次不行，练十次，十次不行，练一百次，学习建筑速写也要有这种恒心和毅力。

第一节　画线的基本技巧

我们在学习用钢笔画建筑速写时，除了要练习将线画直，还需要注意许多关于画线的技巧。本节将讲解钢笔速写中画线的方法，以及使用线来表现物体的技巧。

一、画线基本技巧

首先，钢笔建筑速写中的基本线型是"干净"的线，如同写"一"字，不能来回重复地在一个地方画，也不能像素描的线两头轻中间重，如图 3-1 所示。

画线的基本技巧

明白了这一点我们就可以画一些长线。这时大家又会发现自己画的长线总是弯的或是歪向一边。造成这些问题的主要原因是动作不规范。

图 3-1 钢笔速写中的线

画线的具体规则如下。

（1）不能用手腕或手肘作为活动点来画线，如图 3-2（a）、（b）所示。

（2）要以肩为活动点带动整个手臂画线，手与前臂尽量保持不扭动，如图 3-2（c）所示。

（3）处于初学阶段时，绘图者要降低画线速度，慢慢画，让大脑和手有时间及时纠正歪斜的方向。虽然有时画出的线在局部有些小弯曲，但总体上是直的，由这样的线构成的画面看起来也是非常整洁的。钢笔速写长直线的画法如图 3-3 所示。

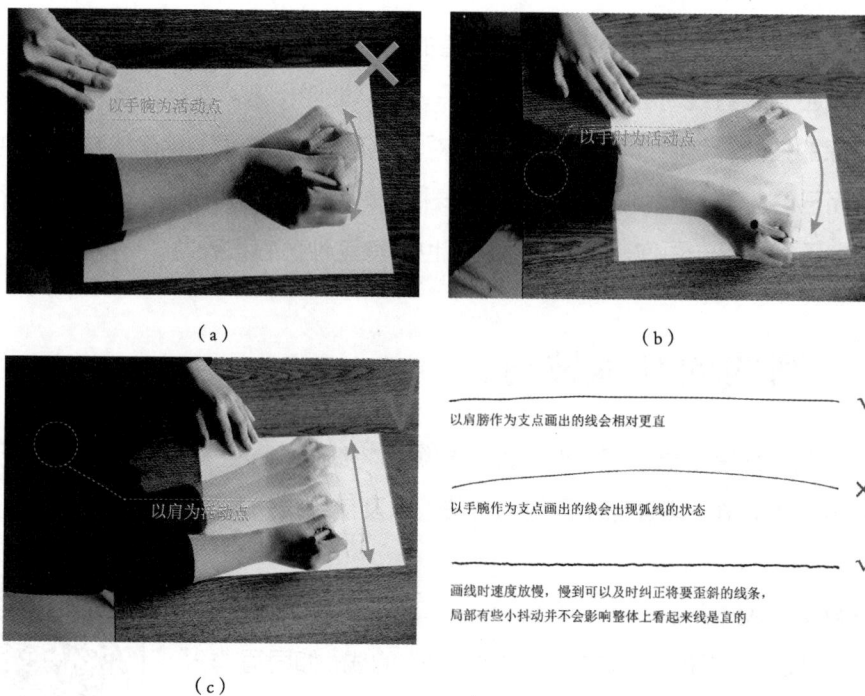

（a）

（b）

（c）

图 3-2 画线姿势

以肩膀作为支点画出的线会相对更直

以手腕作为支点画出的线会出现弧线的状态

画线时速度放慢，慢到可以及时纠正将要歪斜的线条，局部有些小抖动并不会影响整体上看起来线是直的

图 3-3 钢笔速写长直线的画法

二、如何让线变得更加生动

1. 不要制造"线头"

画长线时难免停顿，这时切记不要将线接成"结"而要留出一点空隙。这样不仅可以使画面整洁而且还让物体有了透气感，如图 3-4 所示。但也要注意不要画得满篇都是小气孔。

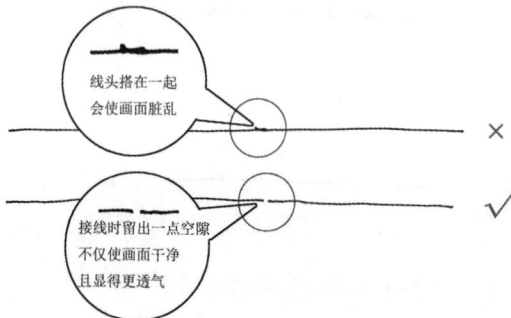

线头搭在一起会使画面脏乱

接线时留出一点空隙不仅使画面干净且显得更透气

图 3-4 接线处的处理

画弧线同样要遵循以上原则，即以肩膀为活动点、放慢速度以控制线的方向、留出气孔避免出现"线头"。除此以外，画弧线时还有以下技巧。

（1）应当首先点出弧线的定位点，如图 3-5（a）所示。一般情况下，绘图者会点出弧线的最高点（最低点）及两端的端点，如果根据这些点仍然无法画出光滑的弧线，则可在其中增加 1~2 个定位点，如图 3-5（c）所示。

（2）要用光滑的弧线连接事先点出的点，并且要避免出现来回蹭以及突然转弯的弧线，如图 3-5（e）、（f）所示。

（3）不要一笔画完，一定要在感觉手别住时提笔，否则会画出如图 3-5（d）的线，应重新调整姿势再继续画，如图 3-5（b）所示。

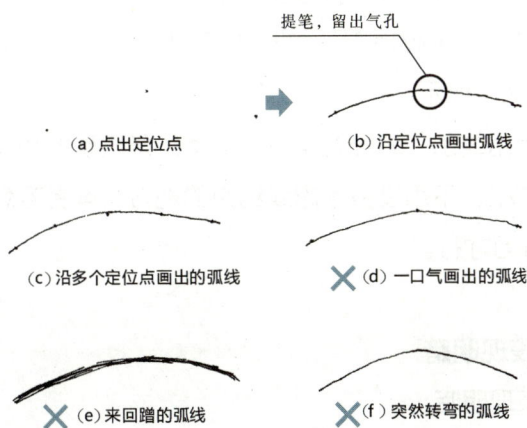

（a）点出定位点   （b）沿定位点画出弧线

（c）沿多个定位点画出的弧线   ✕（d）一口气画出的弧线

✕（e）来回蹭的弧线   ✕（f）突然转弯的弧线

图 3-5 弧线的画法技巧

2. 利用画线速度表现不同质感

钢笔速写中的线是富有变化的，比如依靠用笔力量的大小可以控制线的粗细；依靠画线时的快慢可以展现出坚硬、干脆和柔软、厚重等质感的区别，如图 3-6 所示。

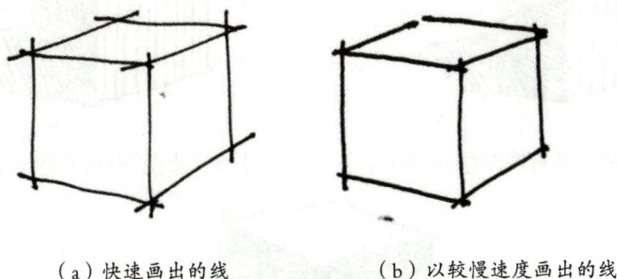

（a）快速画出的线   （b）以较慢速度画出的线

图 3-6 画线速度不同时画出的线的区别

利用这一点，建筑速写与建筑制图中的线有了明显的区别。建筑速写中的线是灵活多变且富有生命力的，而建筑制图中的线是严谨的且具有传达信息的使命。

3. 使用"设计师专用线条"

观察许多设计师的手稿，可以发现一个显著的特点——他们画的线几乎都"出头"，如图3-7（a）所示。

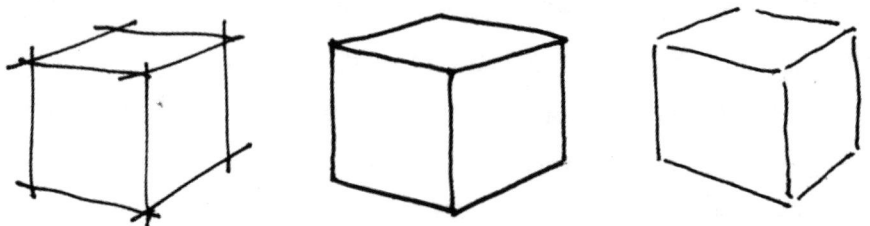

（a）设计师专用（√）　　　　（b）显得死板（×）　　　　（c）快散架了（×）

图3-7 使用"设计师专用线条"画生动的线

刚好相交的线给人一种死板感，如图3-7（b）所示；没相交的线又有种快散架的感觉，如图3-7（c）所示。

使用"设计师专用线条"的好处是不仅会使线条表现的物体看起来更生动，还能使设计师在画图时放松，不用过多考虑线结束的地方。读者若想画出这种干脆又轻松的线，则需多动笔练习才行。

三、如何用线表现明暗

1. 利用平行线表现明暗

平行线是表现明暗最基本、最简单也是最常用的方法：平行线的疏密可以区别出色块的明暗变化，如图3-8（a）所示；几组平行线交叠可以形成更多的明暗层次，如图3-8（b）所示。切忌用素描的排线方式表现钢笔速写的阴影，这样会使画面显得很脏，如图3-8（c）所示。

（a）用疏密不同的平行线表现物体的明暗（√）　　　（b）用交叠的平行线增加明暗层次（√）

（c）用素描的笔法画阴影（×）

图3-8 用平行线表现明暗

在表达物体的体积时，还应该注意平行线的方向，如图3-9所示。在图3-9（a）中，左侧面用的是横向平行线，右侧面用的是竖向平行线，竖向平行线比横向平行线密，因此表现出右侧较暗的光影关系；在图3-9（b）、（c）中，左右两个面采用了同方向的平行线，虽有疏密的区别，但立体感不强。因此，在表现有强烈反差的面时应当改变平行线的方向。

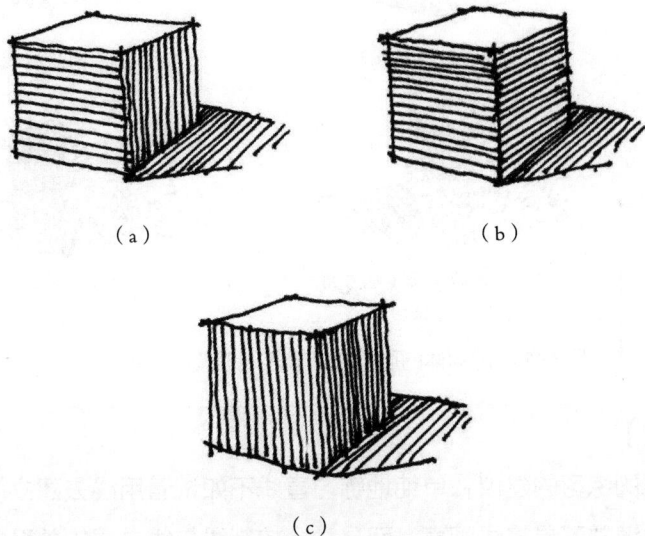

（a）　　　　　　　　　　（b）

（c）

图3-9　线的方向与体积塑造的关系

在使用平行线来表现物体明暗时还需要注意线的透视性，平行线要跟随物体的形体，并且要符合透视规律，如图3-10所示。

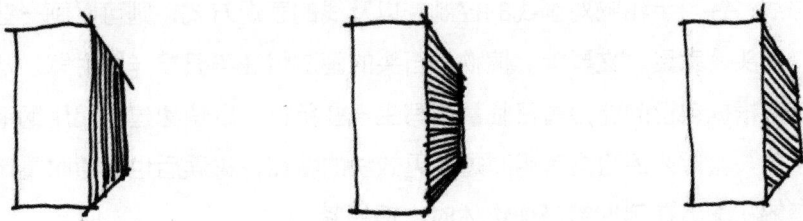

（a）与高平行的垂直线（√）　　（b）与纵向线共用一个消失点　　（c）看似和一个边平行但不符合
　　　　　　　　　　　　　　　　的线（√）　　　　　　　　　透视原理的平行线，无法正确表
　　　　　　　　　　　　　　　　　　　　　　　　　　　　　现出物体的形体和空间感（×）

图3-10　平行线跟随物体透视

2. 利用物体的质感与细节表现明暗

前文讲解了用平行线来表现物体体积的方法，通用且简单，初学者能快速掌握。但如果只用平行线来表现物体明暗难免会使画面缺乏细节，给人单调乏味的感觉。因此，我们还可以通过画出物体的质感和细节来表现明暗与体积，如图3-11所示。

这种方式既能表现出物体的质感，也能制造出光影感，但这种方式难度较大，绘图者需要多加尝试、练习、总结，还需要有足够的耐心。

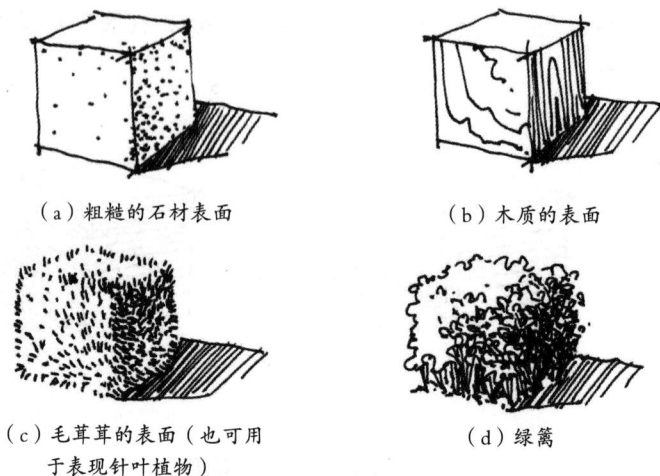

（a）粗糙的石材表面　　　　　（b）木质的表面

（c）毛茸茸的表面（也可用　　　　（d）绿篱
于表现针叶植物）

图3-11 用物体的质感和细节表现明暗与体积

【建议】

关于线的练习的建议：单纯地练习直线不如试着用线去建立简单的场景。其实练习线的关键并不是将线画直，而是学会控制线与线之间的关系并借此提升用线塑造形体的能力。最开始可以画一些简单的方体，就像图3-7（a）那样，也可以用钢笔线条再做一次第二章第一节的练习，这些都是针对直线的练习。如果要进一步练习画弧线、练习手和脑对画线的控制，以及线的表现方式，则可以画一些单体，如植物、石头、家具、文具等。植物与石头的画法将在第五章详细讲解。从现在开始，读者应根据自己的能力每日临摹或写生一些单体，以快速建立起用钢笔表现物体的"手感"。单体练习具有用时短、见效快的特点，失误后也可随时重新开始，有助于缓解初学者在用钢笔表现物体时出现的紧张感。练习也是一个不断积累的过程——积累不同物体质感的表达方式、积累线条间疏密关系的控制方式等。单体练习参考图如图3-12所示。

在进行一段时间的单体练习后便可以开始画整幅的钢笔速写。在第二章第二节我们已经用铅笔画好了场景的透视结构，现在就可以在这个结构的基础上用线进行表达。在这里需要注意的是，画钢笔线稿绝不是将铅笔所画的结构描一遍，而是要用一定的方式再一次表达所画物体。

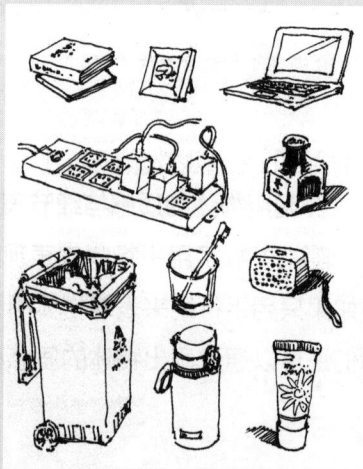

图3-12 单体练习参考图

第二节　钢笔线稿示范

这一节中将示范画出第二章第二节中案例场景的钢笔线稿，并进行分步讲解。

图3-13为钢笔线稿，其具体绘制步骤如下。

建筑速写 龙潭水乡

图3-13 钢笔线稿最终图

（1）一般先画近处的景物，因为近处之物会遮挡远处之物。这种遮挡关系一旦弄反，就会影响画面中所需呈现的空间关系，如图3-14所示。

图3-14 画出不能被遮挡的物体

绪论

一点透视

线的表现

画面布局

常见物体的画法

两点透视、圆的透视
及三点透视

综合案例
分析及制图

（2）依旧根据遮挡关系往远处画出人物、地面上的物体及部分墙面的装饰，如图3-15所示。其中，门前石雕的照片如图3-16所示。

（3）画出中景的景物。在表现建筑物时，绘图者需注意线的疏密关系，如图3-17和图3-19所示。例如，门楼上部的雕刻花纹细密（如图3-18所示），门楼下部的石柱简洁，门前的石雕又有很多细节，因此在门楼这一区域自上而下出现了"密—疏—密"的关系。在写生时，应当着重刻画中景的物体，因为这里将成为整幅画的视觉中心（本书第四章将详细讲述），切不可将前景或纸张边缘的物体刻画得太过详细。

在刻画物体时，一定要将物体的立体感表现出来，例如窗周围的装饰线及装饰线的厚度都需要表现出来。

图3-15 画出人物及前景物体

图3-16 门前石雕

图3-17 画出右侧门楼及配景

绪论　一点透视　线的表现　画面布局　常见物体的画法　两点透视、圆的透视及三点透视　综合案例分析及例图

图 3-18 门楼

图 3-19 画出左侧门楼及配景

（4）画出围墙及围墙后的竹子，用一棵远处的树来结束中景，如图 3-20 所示。由于建筑物相对笔直，所以要将这棵树的姿态画得生动，不能太僵直。围墙上瓦的画法在第五章第四节中会有详细讲解，树的画法在第五章第一节中会有详细讲解。

图 3-20 完善中景

（5）用简练的线条表现出远处的景物，再画出地面（地面的画法在第五章第五节会有详细讲解），如图 3-21 所示。

图 3-21 画出远景及地面

（6）擦掉铅笔稿，对画面进行细节的补充，如图3-22所示。

图3-22 补充细节

大家在第二章第二节的练习中已经画过一遍这个场景的线稿，那么在学了线的画法后再尝试画这个场景，前后对比一定能发现有所进步，但同时也会产生更多的疑问。树、瓦、地面在没有例图的情况下该如何表现？这实际就是一个积累的过程。例如，跟随这次的绘画步骤，你就已经体会到一些树、瓦、地面、明暗、疏密等细节的表现技巧，而这些技巧正是在今后临摹时接触到的内容。

另外，临摹要建立在合理的透视结构上，而认清原画中的结构是临摹的前提。初学者在自己构建出的透视关系上，对原画在物体表达、画面关系处理上的学习有利于提升写生或设计水平。下一章将对画面处理的技巧进行讲解，以帮助读者找出一幅好作品的优点，使读者在绘画时有意识地对画面进行完善，以修饰现实场景中的不足。

【练习】

（1）画长线练习：从一个指定点画到另一个指定点，各方向的线（横的、竖的、斜的）都要练习。

（2）用"设计师专用线条"练习画方体。注意其透视关系，并表现出明暗关系。

（3）用"设计师专用线条"临摹或写生单个物体，注意其透视关系。

第三章　思维导图

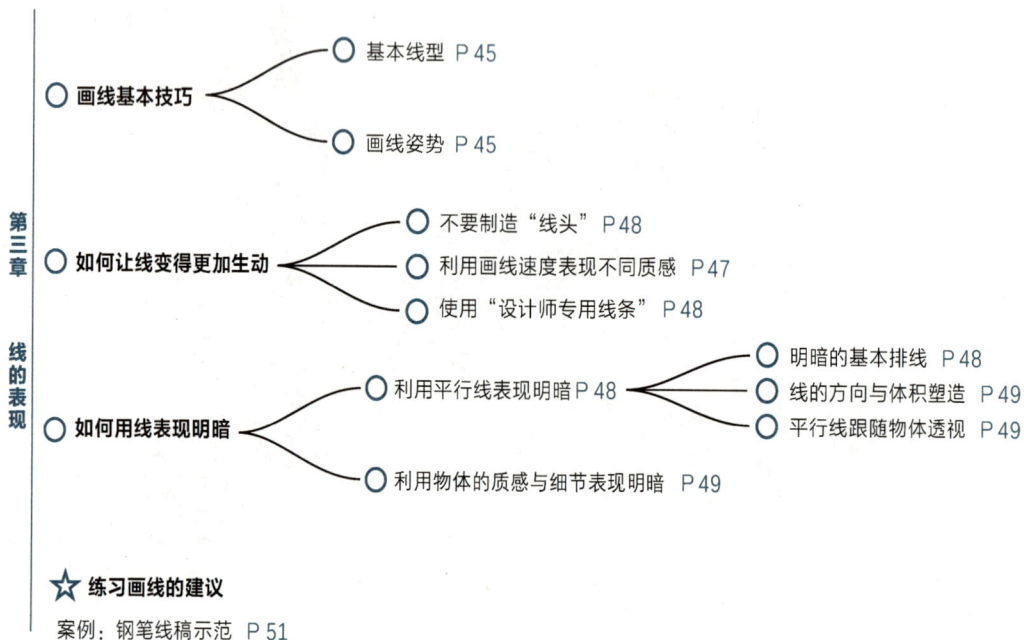

第三章　线的表现

○ **画线基本技巧**
- ○ 基本线型 P 45
- ○ 画线姿势 P 45

○ **如何让线变得更加生动**
- ○ 不要制造"线头" P 48
- ○ 利用画线速度表现不同质感　P 47
- ○ 使用"设计师专用线条" P 48

○ **如何用线表现明暗**
- ○ 利用平行线表现明暗 P 48
  - ○ 明暗的基本排线　P 48
  - ○ 线的方向与体积塑造　P 49
  - ○ 平行线跟随物体透视　P 49
- ○ 利用物体的质感与细节表现明暗　P 49

☆ **练习画线的建议**
案例：钢笔线稿示范　P 51

绪论

一点透视

线的表现

画面布局

常见物体的画法

两点透视、圆的透视及三点透视

综合案例分析及例图

第四章 | 画面布局

　　掌握并灵活运用画面布局的技巧能绘制出思想、内容与表现形式统一的画面。画面布局由选景、构图、画面处理 3 个阶段构成。至于它们之间的关系，此处以人像摄影做比喻来说明。人像摄影首先要选择模特，漂亮的模特当然能使画面更美，但糟糕的拍摄角度也可能会使漂亮的模特黯然失色。在选择了漂亮的模特以及角度完美的情况下，模特的姿势、服饰、妆容以及后期图像处理不合适也会导致最终的照片效果大打折扣。在写生时，选景就如同挑选模特以及寻找模特最具特点的角度，构图就如同模特的动态与姿势，而选择什么服饰、妆容以及后期图像处理就如同对画面进行处理的步骤。这些步骤的有机组合是使绘画高于现实的关键所在。

第一节　选景

　　大多数初学者在写生时，往往急于动笔而忽视选景的重要性，这是不可取的。因为写生不仅是画出主景物，还要考虑画面的整体关系，而舒适的地方不一定能看到好的景，也可能有好景但选不出好的视角。因此，绘图者在选择位置时，应优先考虑取景需求，其次才是舒适度，当然两者兼而有之最好。所以，绘图者要想取出好景，往往需要来回寻找较满意的场景，反复比较观景点与视角。

一、选择什么样的景

　　能选择公认的美景作为写生对象当然是最好的，但我们也需要有发现美的眼睛，那些能打动你、让你产生创作欲望的场景（或小景）也是不错的写生对象。

　　选择场景中的写生对象也有技巧。初学者在写生时，常常将注意力集中在一个主体上，而忽略周围环境的整体性，最后得到的画面往往缺乏配景的烘托或配景太弱，显得主体孤立、单调，如图 4-1 所示。因此，绘图者在寻找写生场景和构图时，应将主景与配景一同考虑。

　　主景也就是主体，在建筑速写中通常为建筑（如房屋、亭子、水榭等），也可以是构筑物（如桥梁、道路、河岸等）。配景是位于主景周围来衬托主景的物体（如植物、水体、石头等）。

57

图 4-1 画面缺乏场景感

当然，对景物中的局部进行详细描绘也是很好的选择。但仍需注意的是：局部景物也要有主景与配景，如此才能形成一幅完整、生动的画。比如，以一棵植物为主体进行特写时，绘图者可以选择环境中的小物体作为配景以增加场景感，如图 4-2 所示。

二、如何选择视角

不同的主景具有不同的气质，根据不同的气质选择相应的视角能营造出更适合主体的氛围。在以建筑物为主体进行写生时，初学者常会遇到以下几种情况，面对不同的情况可使用不同的视角。

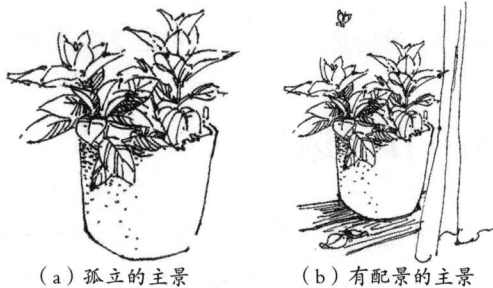

（a）孤立的主景　　（b）有配景的主景

图 4-2 局部场景也需要主、配景搭配才生动

1. 适合选择一点透视视角的情况

（1）气派、庄严、对称的建筑物或场所适合使用一点透视视角，并且适合使用对称式构图，如图 4-3 所示。

图 4-3 庄严、对称的一点透视视角

（2）幽深的小巷或街道适合使用一点透视或斜一点透视视角，与第一种情况不同的是，需尽量避免视点位于街宽正中。这种视角能充分体现景物的纵深感，丰富画面、增加层次，如图 4-4 所示。

图 4-4 生动、有侧重的一点透视视角

（3）如果想表现一个立面，比如门面、橱窗等，也可以采用近景、正立面的一点透视视角，如图 4-5 所示。想着重表现图中的大门时，如果使用两点透视视角（站在侧面），则会大幅减弱对大门形态、细节等信息的表现效果。

图 4-5 立面式的一点透视视角

绪论

一点透视

线的表现

画面布局

常见物体的画法

两点透视、圆的透视及三点透视

综合案例分析及例图

2. 适合选择两点透视视角的情况

若要表现出建筑物的体积感，则适合使用两点透视视角，两点透视视角尤其适用于表现独立的建筑，如图 4-6 所示。

图 4-6 两点透视视角

3. 适合选择三点透视视角的情况（俯视视角、仰视视角）

（1）如果想表现建筑群（或院子）的整体格局，则可以选择以俯视视角呈现，如图 4-7 所示。

图 4-7 俯视视角

（2）如果想表现建筑物的高大感，则可以选择以仰视视角呈现，如图4-8所示。

图4-8 仰视视角

第二节　构图

　　绘画中的构图形式繁多，本节将介绍4种最基础、最常用的构图形式，分别为井字构图、三角形构图、对称式构图、框景构图。此外还列举了一些常见的不良构图案例。在熟练掌握4种构图形式后，读者在创作时要能根据场景实际情况综合考虑、灵活运用，这样才能真正发挥构图的作用，提升画面对景物的表现力。

中国山水画的构图与透视

一、常见的构图方式

1. 井字构图（三分法构图）

　　井字构图也称三分法构图，是一种常用又简单的构图方法。井字辅助线可将画面等分为3份并且不受画面形状的限制，其中，主景和配景位于井字格的辅助线或交点附近，如图4-9所示。这样做可以简单有效地使主体脱离画面中心，使整个画面显得生动。将主体放在画面中心几乎是所有初学者都会使用的构图方式，包括拍照时也是一样。学习了井字构图后，读者不妨在拍照时试着将人物放在井字线上。

图4-9 主景与配景位于井字线上

当我们面对连续的建筑物时，井字构图同样适用。在图4-10（a）的场景中运用井字构图截取需要的画面，如图4-10（b）所示。

（a）原始场景　　　　　　　　　　（b）用井字构图重新取景

图4-10 对连续的建筑物使用井字构图

为何要截取这一区域呢？首先，下方地面太空，需要裁剪掉；其次，街道右侧有一个门面的突出结构，可作为画面中的趣味点，街道左侧店铺二层的阁楼中有人物活动，亦可作为趣味点，所以将这两处趣味点都置于井字线上。街道的尽头虽为远景，但由于街道地面、建筑的透视线形成的视觉导向都使视觉中心集中在这一区域，因此将这一区域放在井字格的正中间，如图 4-11 所示。

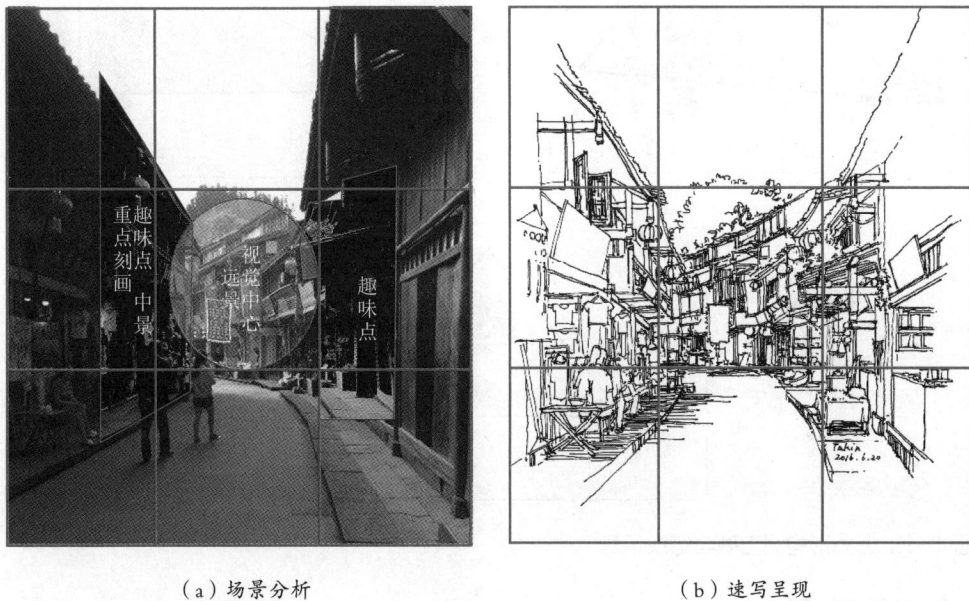

（a）场景分析

（b）速写呈现

图 4-11 速写呈现街景

事实上，在一幅画中除了起主导作用的构图形式外，还可能同时存在其他构图形式。在图 4-9 中，虽主要使用了井字构图，但主景与配景的关系仍隐含了三角形构图的形式。

2. 三角形构图

在画面中，可以是主体的轮廓形成三角形构图，也可以是主景与某些配景之间形成三角形构图，如图 4-12 所示。

在井字构图的基础上衍生出的三角形构图更具均衡性。在绘画中，均衡是指画面的平衡感、稳定感。三角形构图是西方绘画中常用的构图形式。这种构图形式会呈现出稳定又不失生动的画面效果。均衡的三角形构图多为不等边三角形，因为同时满足井字构图的原则——主体位于井字线（点）上，所以会偏向画面的一侧。但

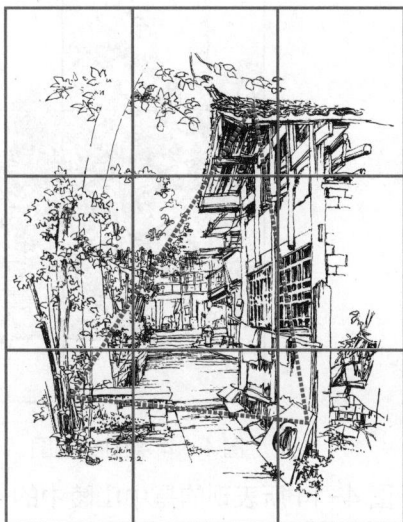

图 4-12 井字构图基础上形成的三角形构图

63

为了不使画面重心太偏，善于把握画面均衡性的绘图者常会在画面另一侧加入适量的配景来满足视觉平衡。如同杠杆原理，配景在三角形中往往处于离主景较远的位置，体积也较小，但能起到四两拨千斤的作用。需要注意的是，要避免形成直角三角形或等腰三角形，如图 4-13 所示。

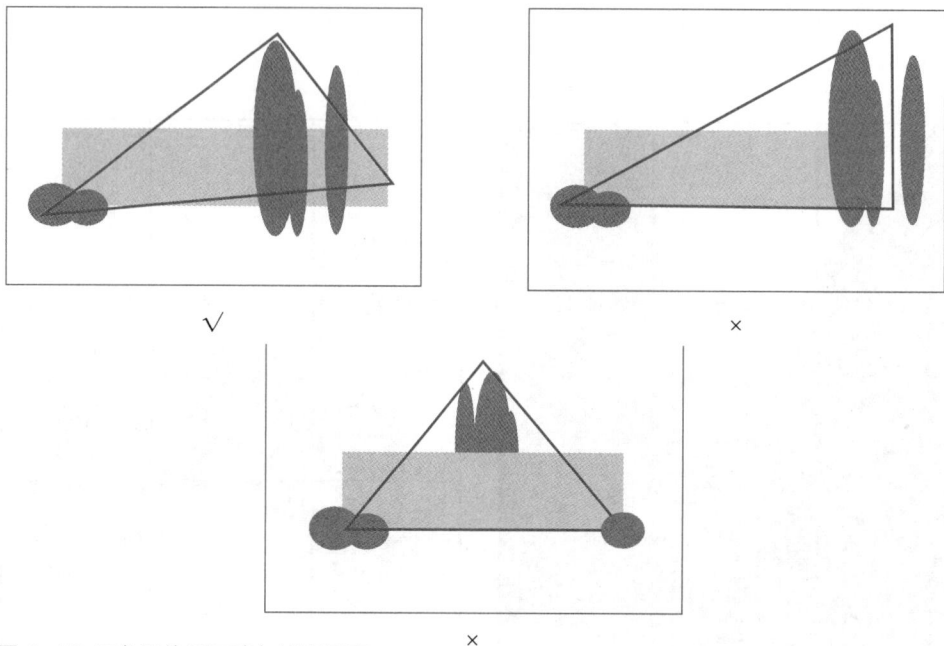

√   ×

×

图 4-13 三角形构图正确与错误示意

3. 对称式构图

一些气派、庄严、对称的建筑物或场所适合使用对称式构图来表现，这也正说明了对称式构图的特点——稳定、和谐。相关实例如图 4-14 所示。

图 4-14 对称式构图

图 4-14 所表现的是中山陵中的一处景点，孙中山先生在中国人民心中享有崇高威望，受到全体中华儿女景仰。因此，构图时，肃穆的氛围是不可或缺的，而这种氛

围并非单单使用对称式构图就能表现。比如，在图 4-15 中由配景形成的引导线起到了至关重要的作用。

图 4-15 视觉引导线

　　引导线最大的作用就是将观者的视线指引到主体上，此外它还具有情绪铺垫的作用。以这幅画为例：主体（中山像和建筑）虽然较小，但处于画面中心，而画面四周的配景（如台阶、植物、人物等）都以自身的形态形成向心力，将观者的视线引导至中山像和建筑上。

　　需要注意的是，在这幅画中虽然使用了对称式构图方式，但两侧的植物和人物都做了均衡性处理，这样才能使对称的构图不至于呆板生硬。

　　结合已经学到的构图方法分析图 4-16。

图 4-16 溪流

首先，当我们看到一幅画时，应当跟随本能判断哪些区域是作者主要想表现的，哪些区域是次要的、起到平衡画面作用的。图 4-17 中，画面上部大面积的灰色区域为主要表现对象，下部少量灰色区域则为平衡画面的区域。当套上井字格后，我们会发现这两个区域位于井字格的上下两条横线上。

图 4-17 找到画面的主体物与次要物

接着，试着找到画面中形成均衡关系的三角形，如图 4-18 所示。

图 4-18 找到均衡三角形

【设计中的逆向思维】

让画面更稳定是常用的思维模式，但当我们要表现运动或不稳定的画面时就需要反其道而行之——营造出不稳定的画面效果，例如倒三角形构图、之字构图、极端的比例或反常规的视觉中心等。

现在我们可以看出这幅画使用了倒三角形构图。这种上重下轻、相对向上的三角形构图更不稳定，但也正是这样的不稳定性才表现出水流的动感。在画面中打造出的视觉引导线也使视线跟随水流的方向移动，使画面更加生动，如图 4-19 所示。这种构图形式具有叙事性，也可发展为圆形构图和 S 形构图。

如何欣赏中国山水画

图 4-19 水流的视觉引导线

【中国山水画中的叙事性】

观赏中国山水画不仅要欣赏画中的山水美景，更应关注其中讲述的故事。当我们仔细观察画卷，就会从中发现一些建筑和人物，人物的动态正在生动地讲述着一个或几个故事。这些故事并不只存在于一个视觉中心，而往往呈现出流畅的之字形，由近到远或从上到下引导观者深入其中。

4. 框景构图

框景原为中国古典园林中常用的造园手法，利用门、窗、洞或者乔木树枝合抱而成的景框将景色收于其中，形成有生命力的画面。

绘图者运用框景构图可以增加观者的临场感、穿越感，如图 4-20 所示。这也是框景构图的妙处之一。

图 4-20 框景构图

二、常见的不良构图

在构图时，绘图者还应注意主体与画面的关系。下面列出一些常见的不良案例以示提醒，如图 4-21 所示。

（a）合适的画面（√）

（b）主体太大，画面太满，主景物顶到画面边缘（×）

（c）画面重心靠上（×）

（d）画面重心靠下（×）

图 4-21 常见的不良构图

（e）画面重心偏右（×）　　　　　　　（f）画面重心偏左（×）

（g）合适的不完整构图（√）　　　　　（h）不合适的不完整构图（×）

图4-21 常见的不良构图（续）

当我们选取主景物的局部进行表现时，截取的位置不要刚好在建筑物的结构线或点上。例如，图4-21（h）中，画面右边界结束在坡屋顶最高处，左边界结束在副楼的外墙处，表现效果就很差。应当少量留出建筑侧面，以着重强调正面，如图4-21（g）所示。另外，由于建筑物正面朝向画面左边，所以在画面左侧应多留一些空间。

第三节　画面处理技巧

前文曾提到画面处理技巧类似人像摄影的后期图像处理，同样是个美化的过程。现实场景纷繁复杂，需要我们在绘画时对其中的物体进行取舍；现实场景也常常并不完美，需要我们对画面进行适当的调整和美化。本节将列出几个常用的画面处理技巧，并将详细讲解如何运用这些技巧。

一、画面中要营造出丰富的层次

在平面的纸上绘制立体的场景就是在构建一个虚拟的空间，而丰富的层次能使画面显得有空间感。一幅场景画中至少应有近景、中景、远景3个层次：天空和远处的景物作为远景可以提升画面的意境、烘托氛围；大多数的兴趣中心都位于中景，中景通常就是要重点表现的建筑或构筑物；近景像一个休止符也像一个画框，能对画面区域做一个合理的限制。

使画面有层次的具体方法如下。

1. 要有遮挡关系

物体之间没有遮挡关系，我们将很难辨别它们之间的空间位置关系，如图4-22（a）所示。

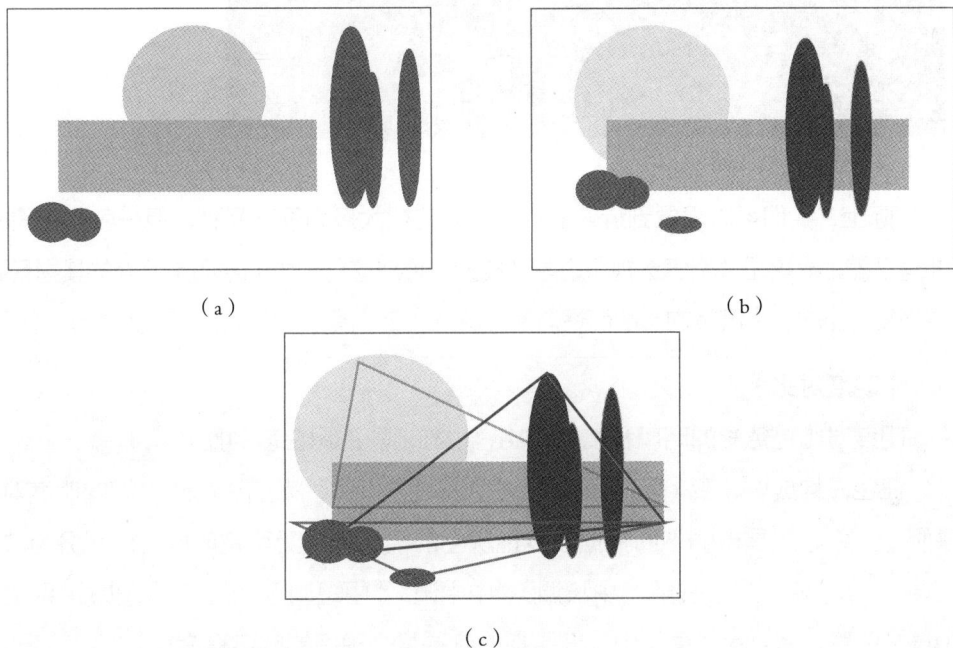

（a）

（b）

（c）

图4-22 画面遮挡与层次的展现

当物体之间有了遮挡关系（符合透视原理），就很容易理解它们之间的空间位置关系。我们能从图4-22（b）中分析出3个层次（前景、中景、远景），还能从图4-22（c）中分析出相邻层次之间形成了均衡的三角形构图。

2. 近实远虚

前文提到画面中至少要有3个层次，那么该如何表现场景中各层次才能将它们区分开，并使它们形成空间关系呢？具体如下。

①中景应该具体、细致、认真地刻画。

②近景也应该具体、细致，但应该有意识地向纸的边缘概括、虚化。

③远景应该画得概括。

这就是常说的近实远虚。在钢笔速写中，实就是画得具体，虚就是画得概括。在这里要注意"概括"不等于"草草两笔"，概括是要用精练的线条对物体特征进行塑造。

为什么会出现近实远虚的现象呢？

观察图4-23可以发现，小桥及左右的树木颜色鲜艳浓郁，而远处的树林颜色变浅。

扫码看彩图

图4-23 近实远虚实例

实际上，我们可以想象到近处的树和远处的树大多为同一品种，但在色彩和清晰度上却有了差距。这是"空气透视"现象造成的。形成这种现象的原因是远处的景物受到空气中光线、尘埃、水汽等的影响而逐渐变"灰"、变"淡"，也就是"明度对比"变弱了。

【明度对比】

明度对比是色彩的明暗程度的对比，也称色彩的黑白度对比。

在色彩构成中，我们用"长调""中调""短调"来描述色彩之间的明度对比是明显、中等还是微弱。而根据区域性颜色的明亮程度又可将明度对比细分为"高长调""高中调""高短调""中长调""中中调""中短调""低长调""低中调""低短调"9种，其中的"高、中、低"指的就是整个画面的明亮程度。

如果从白到黑列出9个层次，那么我们可以组合出以下9种明度对比的例子，如图4-24所示。

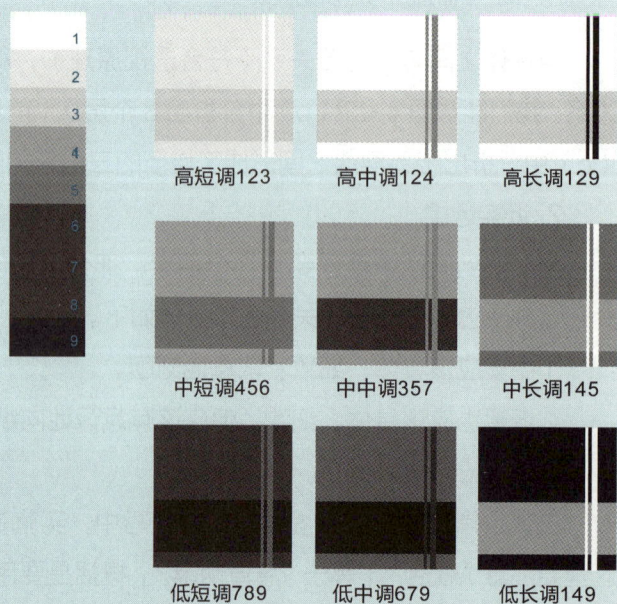

高短调123　　高中调124　　高长调129

中短调456　　中中调357　　中长调145

低短调789　　低中调679　　低长调149

图4-24 明度对比

结合明度对比的例子，去掉图 4-23 的颜色后，我们可以清楚地识别出近景明度对比更强烈，可归至"中长调"；远处的树林并不是变暗，而是变亮并且对比度降低了，可归至"高短调"，如图 4-25 所示。

图 4-25 调整明暗对比

也就是说，从视觉上拉开前景和远景层次的是明度对比的变化：远景明度高，对比度低，能衬托出前景中的物体；前景中的物体明度各异、对比度较大、轮廓清晰。

3. 虚、实的具体表现方法

前文提到了近实远虚，说明近处应比远处画得更"实"，那么怎样画是"虚"（概括）的，怎样画又是"实"（具体）的呢？观察图 4-26 和图 4-27 中的远景处理方法，哪幅的远景更"虚"、更有深邃的感觉？

图 4-26 虚实表现实例（1）

图 4-27 虚实表现实例（2）

答案是图 4-27。为什么图 4-27 中的远景看起来更"虚"，而图 4-26 中的远景几乎和前景混在一起了？下面从笔触、轮廓线、对比度 3 个方面来分析这两幅图的远景之间的区别。

（1）图 4-27 中，远景树的笔触是由一些小短线构成的，有别于前景树的笔触，而图 4-26 用了与前景树同样的笔触，因此远景与前景的树混在一起了。

（2）图 4-27 没有将远景树的轮廓线画出，这也模糊了远景树的具体形态，而图 4-26 将远景树的轮廓表现得很具体。

（3）从对比度形成的造型上可以看出，图 4-27 的远景更加扁平，而图 4-26 的远景更加立体。但作为背景的远景应该比前景"虚"，因此将远景表现得有立体感是不合适的。

我们再来看一个建筑的例子，如图 4-28 所示。

在一幅画中除了需要注意近实远虚，还有别的地方需要注意虚实关系吗？答案是肯定的。

在同一层次中、同一物体上，也是需要表现出虚实变化的。

例如，中景的物体时常需要详细刻画，并且在刻画时为了表现得更生动还需要画出其虚实变化。那么是什么决定了物体中的虚实变化呢？

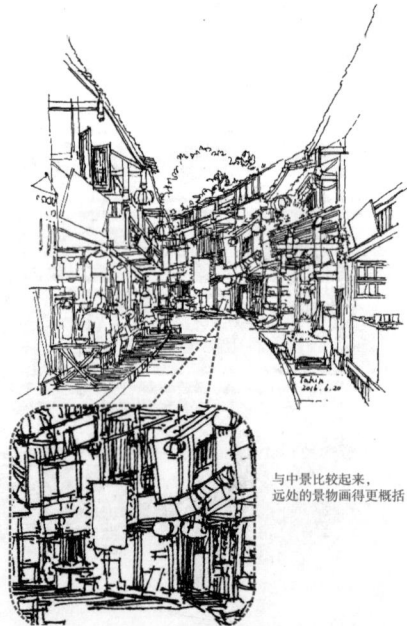

与中景比较起来，远处的景物画得更概括

图 4-28 建筑群近实远虚表现

观察图 4-29 所示的建筑物，试着从对比度上分析各区域的差别。

对图 4-29 中建筑物的虚实分析如图 4-30 所示。

图 4-29 建筑物实例

受强烈的光照影响形成虚化的边缘 3

光照弱，几乎看不到细节，要画得虚 1

这一部分对比明显，属于低长调，应画得比 1、2 号位置都实

这一部分受光较多，结构较明显，相比位置1应画得更实 2

4

图 4-30 虚实分析

根据明度对比强弱，分别选择不同的虚实表现方法，如图 4-31 所示。

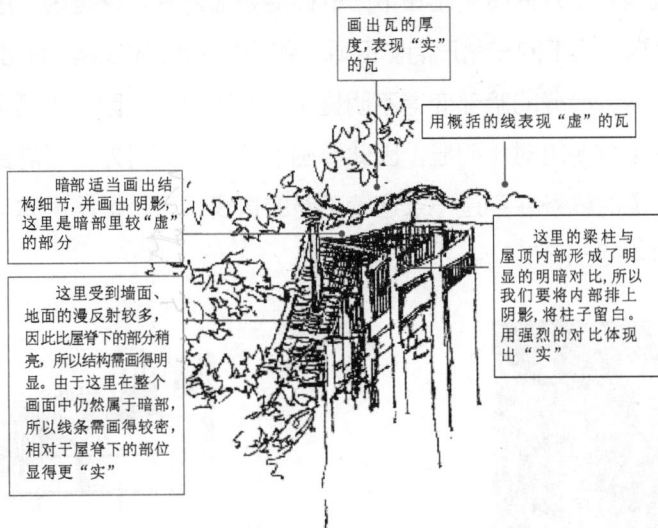

画出瓦的厚度，表现"实"的瓦

用概括的线表现"虚"的瓦

暗部适当画出结构细节，并画出阴影，这里是暗部里较"虚"的部分

这里的梁柱与屋顶内部形成了明显的明暗对比，所以我们要将内部排上阴影，将柱子留白。用强烈的对比体现出"实"

这里受到墙面、地面的漫反射较多，因此比屋脊下的部分稍亮，所以结构需画得明显。由于这里在整个画面中仍然属于暗部，所以线条需画得较密，相对于屋脊下的部位显得更"实"

图 4-31 虚实表现方法

速写是对明暗关系的大胆归纳，因此，在处理同一物体的虚实关系时，我们可以从光影形成的对比度上入手。

在通常情况下，我们遇到"长调"（对比较为明显）时，可以画得"实"一些，而如果遇到"短调"（对比不明显），则需要画得"虚"（或是概括）一些。

图 4-32 砖墙

在同一个平面上找到虚实变化是一件更加困难的事，但仍有规律可循。此处以画一面如图 4-32 所示的砖墙为例来讲解相关规律。

很多初学者会将这面砖墙画成图 4-33（a）的样子，知道要表现出一些虚实的绘图者会画成图 4-33（b）的样子。

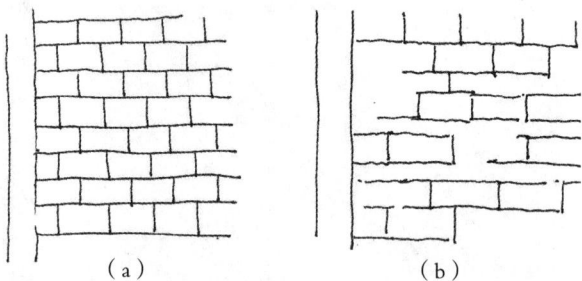

（a）

（b）

图 4-33 砖墙的错误画法

其实，大家也能看出这样画并不自然，只是不知该如何去画。

前文指出，光影产生的对比度可以作为虚实变化的依据，这在砖墙上也适用。

先把这张照片变成黑白的并且将它的对比度调大，如图 4-34 所示。

我们会发现右上方的砖缝比左下方的砖缝更加清晰。这是因为屋檐在砖墙上的投影形成了一个自上而下的三角形阴影区域。接近屋檐处，光线暗、对比弱，要画得"虚"；左下方受光强烈，砖缝的暗部变得不明显了，对比也弱，因此也要画得"虚"；而位于阴影下部的区域明暗对比明显，因此要画得"实"。另外，还需要仔细观察砖缝的形态，砖缝形成的线条并不是一条连续不断的直线，而是根据形体与光影变化时而粗时而细，如图 4-35 所示。

图 4-34 将照片调成黑白并调大对比度

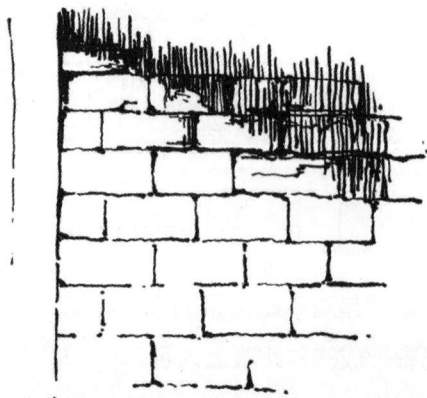

图 4-35 形体与光影变化对砖缝形态的影响

回过头再看图 4-33 中的问题，图 4-33（a）的问题出在用理性的"符号"表示一种砖墙的砌筑形式，而非表现每一块砖形成的光影。图 4-33（b）的问题是考虑到了砖墙应该有些虚实变化，但画出的虚实关系却是不符合现实规律的。

【视知觉的"完形"性】

画得具体，容易理解也容易做到，但画得概括，作为初学者会难以理解。概括需要绘图者更长时间地观察、归纳、总结，并需要造型能力。在概括时，我们往往只需要画出物体的局部，就可以使观者明白物体是什么。因为人类大脑的视知觉有"完形"性（见图 4-36）——大脑会将具有封闭性的局部完形为一个整体。但前提是，我们所画的局部需要具有"封闭性"或"连续性"。

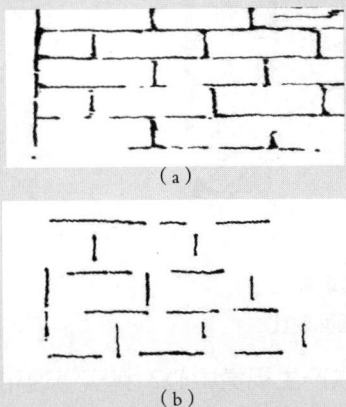

（a）

（b）

图 4-36 视知觉"完形"性

图 4-36（a）中，虚化的砖墙并没有形成图形上的封闭区域，但我们仍能明白这就是一些方形的砖，而观察图 4-36（b）时虽能勉强看出是砖墙，但总有散乱感。原因是图 4-36（b）没有选择具有"封闭性"的转角处作为概括的局部，而图 4-36（a）中的砖墙大多选择在砖的转角处进行强调，对线的某些区域进行虚化。

以上主要从 3 个层面讲解了画面层次与虚实的处理方法。第一，在大场景中对不同层次的景进行虚实的处理；第二，小场景中区域之间的虚实变化处理；第三，同一平面中的细微虚实变化处理。

虽然 3 种情况看似不同，但实质上都用到了观察"对比度"进行虚实处理的方法。

希望同学们能在这一节的讲解中学会自主学习的逻辑：观察思考、提出问题，了解原理 / 规律并能举一反三。书中能举的例子十分有限，如果大家能通过本章所讲原理、所举案例按上述学习逻辑进行内化与吸收，那么同学们在今后的自主练习和学习中将更加顺利。

二、用边缘的虚化营造视觉中心

许多人在刚开始学习速写时，常会将画纸画满。这样的画面往往会产生溢出感，难以营造画面的视觉中心，如图 4-37（a）所示。而图 4-37（b）的前景采用了逐渐向外虚化的方式，能明显地使观者的视线集中在画面的视觉中心上。

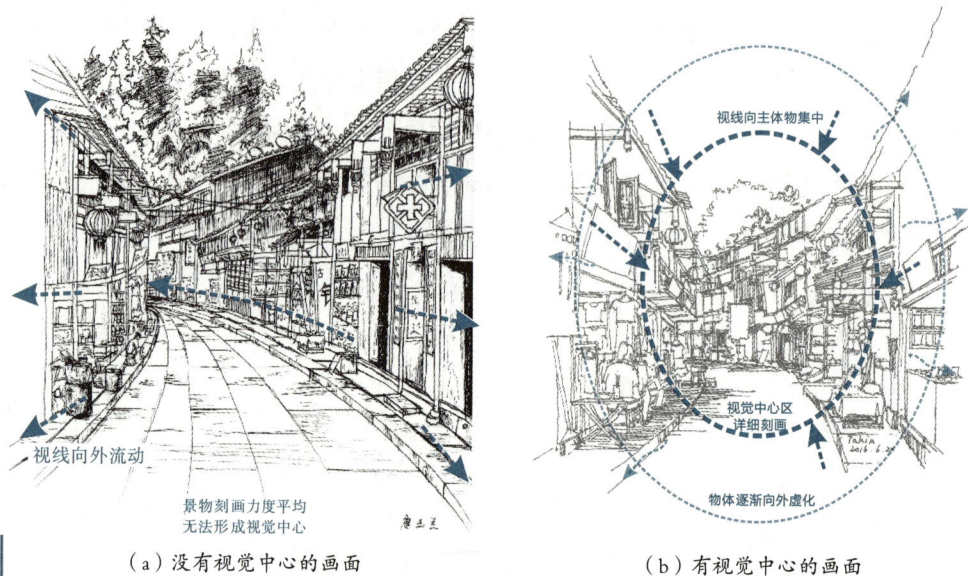

（a）没有视觉中心的画面　　　　　　　　（b）有视觉中心的画面

图 4-37　有无视觉中心的画面对比

为什么将画纸画满难以产生视觉中心？其实道理和写文章一样，想要主观强调的地方会重点描述，而次要的部分会适当概括。当你把一幅画的每个角落都当重点来画时，这幅画就没有重点了，观者自然也看不出重点。

对于边界虚化的原因我们还可以从人的视觉特征来解释。

其实，当我们看到一个场景时，并不像图 4-38（a）那样能将整个画面看得一清二楚，而是更像图 4-38（b）那样，只有眼睛聚焦的位置是清楚的，四周的近景都是眼睛余光看到的。

（a）照片　　　　　　　　　　　（b）人眼视域模拟

图 4-38　人的视觉特征实例

因此，在画速写时，绘图者不能让画面太满，而要在接近纸的边缘时对物体进行取舍，使线条逐渐向外简练、概括，着重刻画中心主体，使观者的视线自然地集中在所要表现的主体上。

三、要使画面生动

在艺术领域，如绘画、音乐、戏剧、小说等，"生动"一词向来是用以赞扬作品的。这个词说起来容易，做起来难，尤其是对于初学者来说。它的难在于综合性，在于需要时间的积累。下面将介绍几个使画面生动的技巧。这些技巧是钢笔速写中常用且至关重要的。

1. 疏密聚散

掌握好疏密聚散的技巧是使画面生动的主要方法。自然界中随时随地都存在着疏密关系，而人类的创作大多是在师法自然，因此观察自然生长出的形态是我们学习疏密关系最快速、直接的途径。例如，自然环境中的卵石滩，木头的纹理，树叶的大小、位置，树干的粗细、位置，如图 4-39 所示。

图 4-39 大自然中的疏密

疏密聚散，顾名思义就是既要有稀疏的地方又要有紧密的地方，有的聚在一起，有的分得很开。通常情况下，形成聚散的元素都是相似的，但每个元素的大小、形状、位置需要有变化，这样才能使画面生动起来。

除了大自然中存在的疏密聚散，我们画速写时，在技法上也有很多地方要以线为基本元素来表现疏密聚散。例如，前文中提到的虚实表现、画面中物体之间线的疏密变化、用于表现阴影的平行线等。

我们先来分析图 4-40（a）中整体的疏密关系，在图 4-40（b）中用蓝色表示疏的部分，用灰色表示密的部分，可以看出疏与密是相间的。由于线的表现形式有限，我们在画速写时常用疏密的对比来塑造形体、虚实、层次。也就是用密的衬托疏的，用疏的突出密的。在图 4-40（b）中，相邻的疏密区域都有较大的面积差距。国画中讲究"密不透风、疏可走马"，虽有些夸张，但却是在强调密与疏的对比要明显才能产生足够的视觉冲击力。因此，在表现场景时，疏的或虚的地方有时会大胆放弃景物本身的纹理或结构而留白，以衬托密的区域。

（a）　　　　　　　　　　　　　　（b）

图 4-40　画面中的疏密

【留白】

留白是中国传统艺术作品创作中常用的一种手法，极具中国美学特征。留白是根据画面需求对景物中的一些区域进行简化，有意留下相应的空白。这些空白是留给观者的想象空间。例如，齐白石画虾，从不画水，但我们仍能想象虾在水中畅游夺食的场景。如果齐白石在虾的周围画出水纹，那么我们的视觉重心势必会被水纹干扰，虾在画面中的主导作用也会被减弱。

在画面中除了要注意整体的疏密，也要注意局部的疏密。例如，图 4-40（a）中的左下部用竖线表现木房子的墙板时，就产生了疏密变化，如图 4-41 所示。

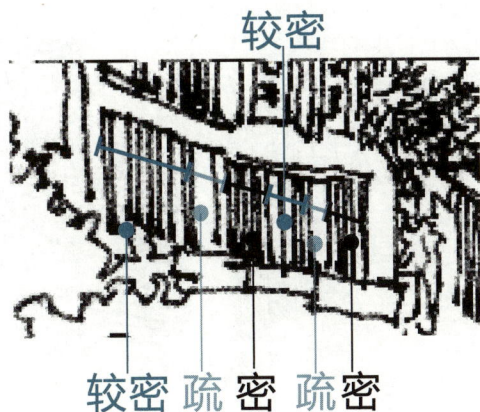

图 4-41 局部的疏密

在表现疏密时，绘图者要注意笔触间的节奏与韵律。比如图 4-41 中表现木板的竖线就呈现出了"较密—疏—密—较密—疏—密"的节奏，在区域和距离上也有相应的变化。

毫不夸张地说，疏密是无处不在的——在画速写时，每个区域、每个局部、每个细节都需要考虑疏密关系。所以绘图者落笔前需要认真思考每一笔的方向、长短、形状以及同周围环境的疏密关系。画画，要求准不求快。

2. 取舍

在写生时，场景中的部分物体会影响画面的整体关系。这时，我们就会对这些物体进行取舍，对不足之处进行调整，对空缺或不理想的部分进行"移花接木"，从而达到"后期美化"的效果

在什么情况下需要对物体进行取舍和"移花接木"呢？大致分为以下 3 种情况。

（1）使画面呆板的

如果在景物中出现了会使画面变得呆板或无趣的部分，就应该想办法调整。

比如，画面中出现了较长且没有变化的直线，这些长线几乎要将画面分割为几个区域，那这些线就是呆板的。

图 4-42（a）中，场景下部的长台阶将画面分割为上下两块，由于长台阶没有变化，加之下方的地面空旷，显得画面下部平淡无趣，视觉中心上移，导致画面重心偏上。遇到这种情况，我们常会用"移花接木"的方法来"打破"长线，在台阶上加一个人，如图 4-42（b）所示。这样不仅能避免长线切割画面，还能产生一个次要的趣味点，使画面的视觉中心下移。

在其他的场景中遇到长线，也可以根据现场氛围合理地安排打破长线的物体。

（2）使视觉中心发生分散的

对于那些画出来就会破坏场景中画面的、喧宾夺主的物体，我们可以将其省略。

（a）　　　　　　　　　　　　　　　　　　　（b）

图4-42 打破分割画面的长线（作者：何东）

图4-43 古街场景照片

此处以图4-43所示的古街为例来进行相关讲解。

古街尽头是树木，如图4-44（a）所示，但将树木画出后有一种"泰山压顶"的感觉，难以与前方的建筑区分出层次，因此在图4-44（b）中对其进行了删减，并画出一些飞鸟以表现天空。图4-44（a）中的街道空旷、呆板，而图4-44（b）中添加了几组人物，并对街道尽头和画面右边缘进行了虚化处理。

（a）　　　　　　　　　　　　　　　　　　　（b）

图4-44 调整画面

（3）影响视觉边界动势方向的

"视觉边界动势"是指场景中的物体形态、位置等要素对画面边界形成的动态趋势。这种趋势就像一幅画的情绪，我们要尽量不让一幅画显得"低落"。

例如，图4-45（a）中，建筑的坡屋顶正好和左下方的灌木形成一条向下的直线，画面下方的草丛也形成了一条长长的直线，使得整个画面气势向下，缺乏层次，显得呆板。在进行修改后，左上方的屋顶后的树丛将视线向上提升，画面下方也加入了石头作为前景，形成了生动的曲线，如图4-45（b）所示。

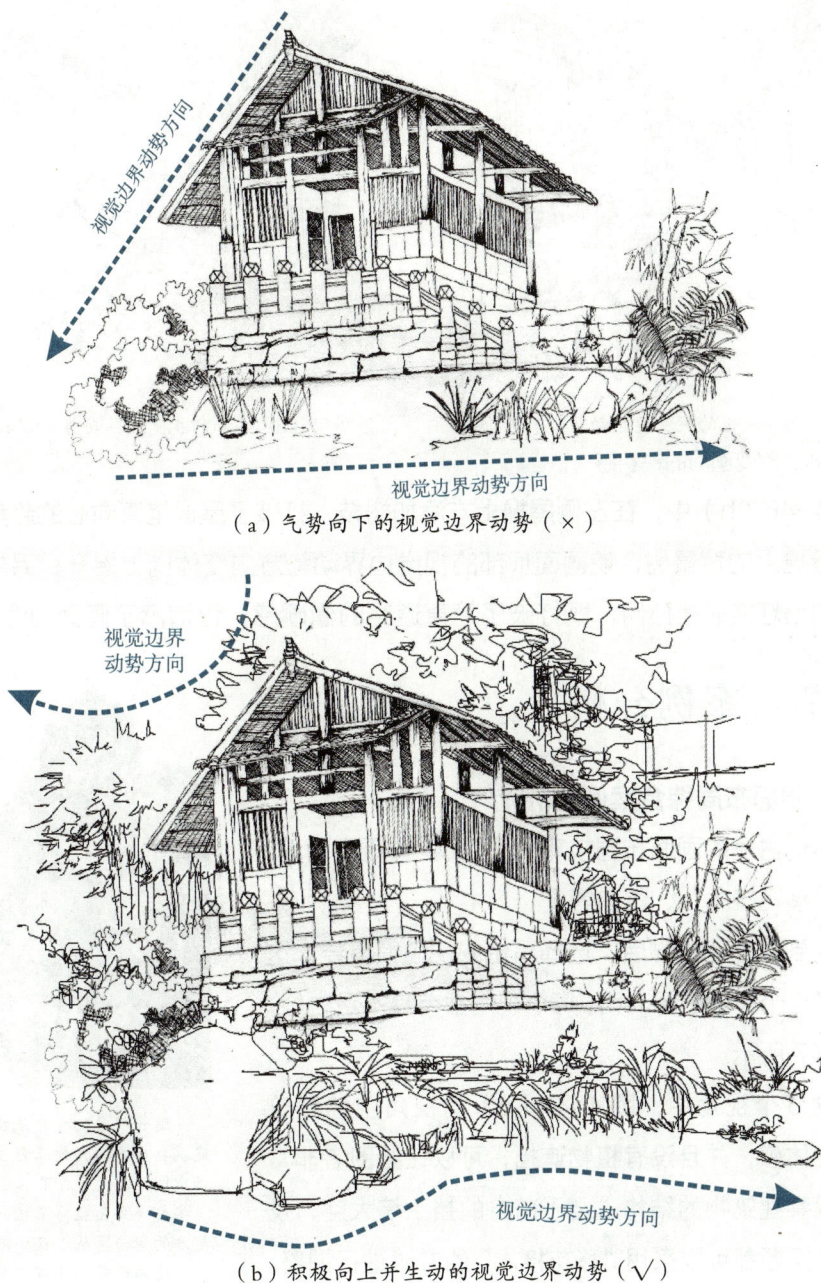

（a）气势向下的视觉边界动势（×）

（b）积极向上并生动的视觉边界动势（√）

图4-45 修改视觉边界动势方向

在画主景与配景时，我们要时刻警惕，不能让几个物体无意间形成一条没有起伏的线，尤其是动势向下的线。

还有一种情况很常见，就是画一点透视时，两侧的建筑形成的透视线过于笔直，有种直插画面中心的锐利感，如图4-46（a）所示。

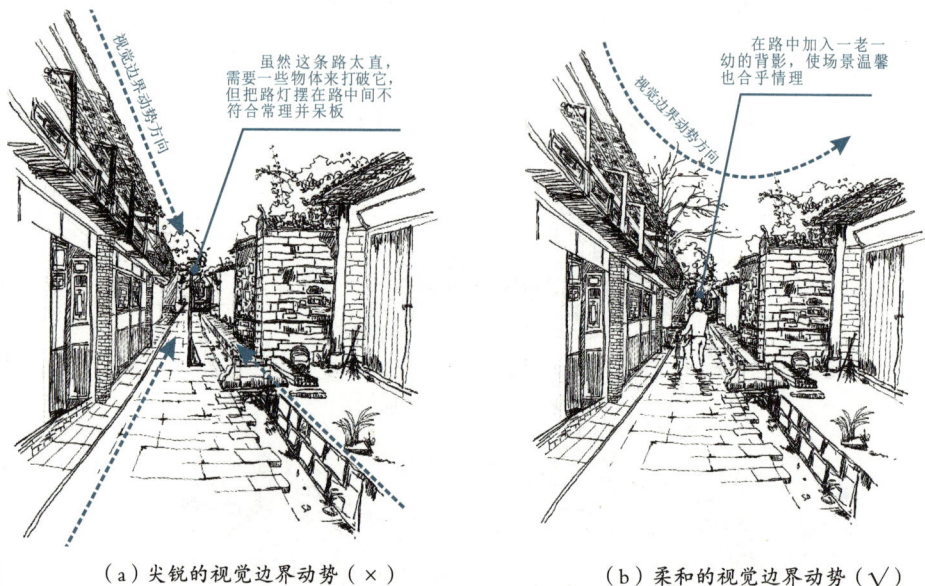

视觉边界动势方向

虽然这条路太直，需要一些物体来打破它，但把路灯摆在路中间不符合常理并呆板

在路中加入一老一幼的背影，使场景温馨也合乎情理

视觉边界动势方向

（a）尖锐的视觉边界动势（×）　　　　　　（b）柔和的视觉边界动势（√）

图4-46 改变画面的锐利感

图4-46（b）中，在左侧屋檐上方添加树枝，打破了屋檐笔直向心的趋势，再结合右侧屋檐上的背景树，使画面顶部的视觉边界动势方向整体向上抬升；另外，将道路中间的路灯换成祖孙俩，既打破了笔直道路的僵硬感，也增添了画面的温馨感。

第四节　案例分析

一、画面布局综合案例分析1

本案例讲解的画面布局技巧有选择视角、重构画面、取舍与"移花接木"、留白等。

在找到目标建筑物后，选择写生的视角很重要。这里选择了3个视角进行对比，每个视角都有其不足之处，如图4-47所示。

在这3个视角中，图4-47（c）的视角中的建筑物更有立体感，并且没有植物遮挡，可以让绘图者非常清晰地观察建筑物的结构。至于前方的挡土墙太空、没有层次等问题都可以采用"移花接木"的方式进行调整。调整后的最终画面如图4-48所示。

（a）

这一视角处于建筑物的正面，建筑物后方的大树正好在建筑物的正中间，远树形成了水平的背景线。这些都使画面显得呆板，但建筑物前方的树与草丛以及小桥参差不齐，使画面前部变得有趣

图4-47 选择视角

（b）

这一视角里的建筑物虽然有立体感，但前面的树过多地遮挡了该建筑物，且树在画面中间，使得整个画面没有视觉中心。前方的空地较多且有一种向外延伸的感觉，会将视线带出画面

（c）

这一视角建筑物较有立体感且结构清晰，背景与前景植物的位置与遮挡关系也较好。不足之处在于：建筑物右上部的大树过高，左上部没有背景物显得太空；前方的石头与草丛形成的道路边缘太生硬

图4-47 选择视角（续）

去掉高大的乔木，换成透气的竹子，与左侧的竹丛相呼应

有意识地将竹子画得比建筑物屋檐更高，使画面视线不至于顺着坡屋顶一直下滑

此处应当留白，无须将石头画出，以免导致画面线条缺乏疏密节奏

Takin 2016.6.21

从别处"移花接木"的石头用来打破挡土墙的长线，将草画得生动来"软化"道路边缘

图4-48 画面布局综合案例（1）

二、画面布局综合案例分析 2

本案例涉及的画面布局技巧有重新构图、均衡、"移花接木"、留白等。实景如图 4-49 所示。

图 4-49 湖心亭

这是西湖中的一座湖心亭。照片为中心对称构图，但前文说过，气势磅礴的建筑更适合对称式构图，而湖心亭这种小巧玲珑、清新雅致的建筑物并不适合。如果按照这张照片的构图直接画速写，画面会显得呆板无趣，相关分析如图 4-50 所示。

（a）

原始的构图像证件照，3 条横线在画面下部，将画面截断

（b）

调整后，将湖心亭移到井字格的竖线位置；让近景荷花形成弧线；在远山与湖心亭之间加入船只，增加画面的层次感和生动感

图 4-50 构图分析

最终效果如图 4-51 所示。

湖心亭构图 1

湖心亭构图 2

图 4-51 画面布局综合案例（2）

图 4-51 中，视觉中心在湖心亭上，前景荷花要画得具体但不宜画得太过细致，远山不宜留白，需要画一些山上的树以增加画面右方的重量感，加入飞鸟和落日可活跃气氛、增添意境。

【画中的诗情】

在中国山水画中，画意与诗情密不可分。文人将自己对于山水的感情借助于笔墨丹青融汇在笔下，所形成的画面场景既真实又虚幻，在写实的基础上又夹杂了作者对理想情景的描绘。画面中除了山水还有生动的人物，人物有动态有故事，画面还可能表现出特定的时间信息。这样的画面不仅能展现美妙的场景，更能将作者的理想、意识传递给观者。这一思路在今后的效果图制作中尤为重要，效果图不仅要表现出设计的样子，还应该传递出一种精神。图 4-52（a）所示的效果图只是客观地表现出设计的"形式"，图 4-52（b）则将情节加入其中，形成一种故事性场景，这样的画面能将观者带入其中。

彩图（效果图对比）

绪论　一点透视　线的表现　画面布局　常见物体的画法　两点透视、圆的透视及三点透视　综合案例分析及例图

(a) 客观表现的效果图　　　　　　　　　　(b) 加入情节的效果图

图 4-52 效果图对比

【给初学者的提示】

画面布局的理论与技巧只能作为一种提示，在今后的写生创作中，读者要灵活运用、开拓创新。与画面布局相关的取景、构图以及画面处理技巧皆与艺术审美有关，而艺术审美能力的培养是一个循序渐进的过程，需要长时间感知与积累。因此，在实际绘画时，不可为了营造完美的构图而过于谨慎，要大胆去画，认真纠正问题，对比理论与实践，总结经验。选择景物应当由易到难，使用的构图形式也要由少到多，对画面的处理先从最明显的问题开始。读者只有长时间不断地练习总结，才能树立画面布局的意识。

第四章　思维导图

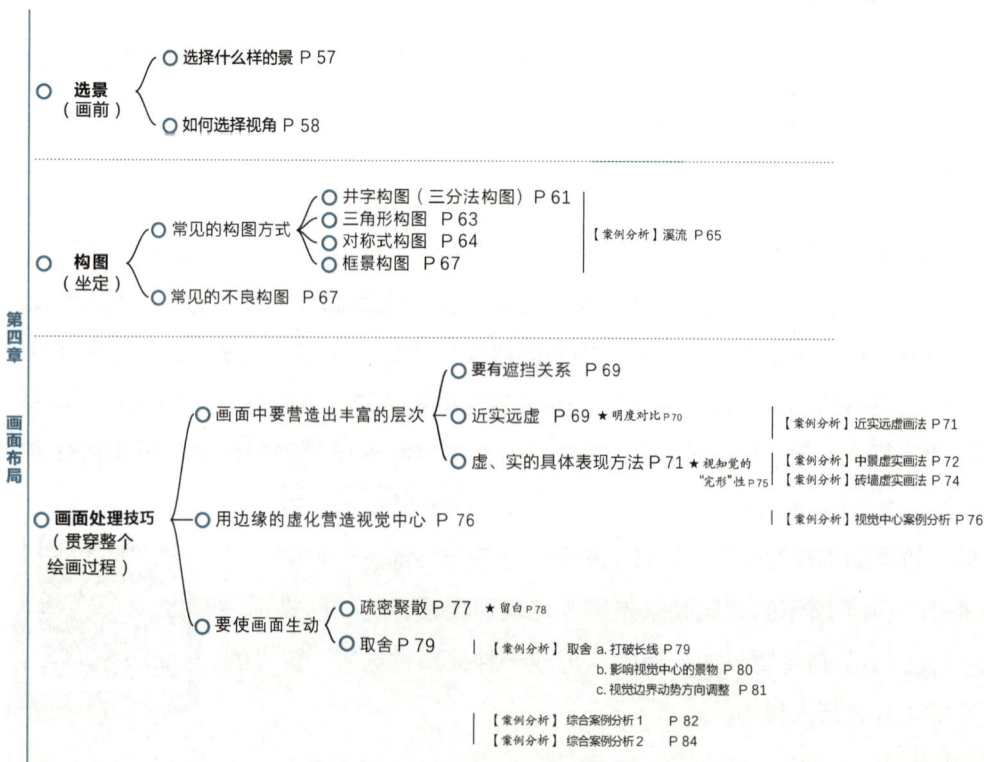

绪论

一点透视

线的表现

画面布局

常见物体的画法

两点透视、园的透视及三点透视

综合案例分析及例图

第五章 | 常见物体的画法

在建筑速写中，我们所要画的不仅仅是建筑，还有许多配景，如植物、水体、石头等。虽然配景多变难画，但正是有了它们，画面才变得更加生动有趣。本章将对建筑速写中常见的几类物体的画法进行讲解，包括植物、水、石头、坡屋顶与瓦、道路与地面、人物。

第一节 植物

一、植物的分类与常见形态

在学习植物的表现之前需要先认识植物的分类，能辨识不同形态植物的特征是画好植物的关键。按照景观植物的分类法，可将植物大致分为乔木、灌木、草花、地被植物、攀援植物 5 种常见形态，再加上一些有特殊形态的植物，如棕榈类、竹类、松柏类等，如图 5-1 所示。

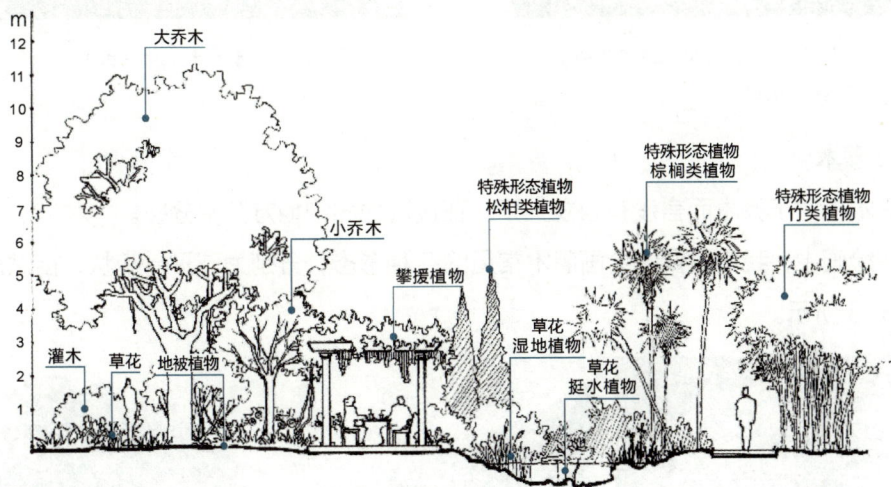

图 5-1 植物形态分类示意图

本节将根据这种分类形式来讲解绘画中常出现的植物。

在学习画植物之前，我们先来了解一下各种植物的形态特征。

1. 乔木

乔木是具有独立主干的木本植物，成株能达到 3 米以上，有较大的冠幅，其又可分为伟、大、中、小 4 种。

大、中型乔木常作为背景或行道树，如毛白杨、法国梧桐，如图 5-2（a）所示；也可作为一个景观中心点景，这一类的乔木树形优美，具有独特的观赏价值，如图 5-2（b）所示。

小型乔木作为环境中的主要视觉带，往往具有姿态优美、生长缓慢等更适宜近距离观赏的特性，如图 5-2（c）所示的桂花树。

（b）大型乔木 点景树（银杏）

（c）小型乔木（桂花树）

（a）大型乔木 行道树（法国梧桐）

图 5-2 乔木示意

2. 灌木

灌木相对于乔木而言没有独立主干，在接近地面的地方开始分枝。

在绘画中，我们需要学会画灌木常见的 3 种形态，分别为球形、带状、自然形态，如图 5-3 所示。

（a）修剪为球形的灌木 （b）修剪为带状的灌木 （c）自然形态的灌木

图 5-3 灌木的常见形态

3. 草花

草本花卉，简称"草花"。

在绘画时，我们可以先学会 3 种草花的形态，再举一反三。这 3 种形态分别为：成丛或成片的、条形叶的、阔叶的，如图 5-4 所示。

（a）成丛或成片的　　　（b）条形叶的　　　（c）阔叶的

图 5-4 草花的常见形态

由于草花的形态多种多样，我们在画这些植物时，处于近景的，往往要将植物的叶片具象地表现出来，处于远景的，就可以用成丛的形式加以概括。

4. 地被植物

地被植物作为景观中最矮的一个层次，主要作用是覆盖裸露的土地，防止水土流失、扬尘，并美化景观，如图 5-5 所示。

（a）草坪　　　（b）木本地被（铺地柏）　　　（c）草花地被（葱兰）

图 5-5 地被植物的常见形态

5. 攀援植物

攀援植物需要借助其他物体进行攀爬，由于攀爬方式不同，承载它们的棚架的形态也要不同。例如，由于蔓生的藤本月季自身没有攀爬能力，所以需要搭建排列更为密集的花架，并且需人工将其固定，如图5-6（a）所示；凌霄、爬山虎等自身具有吸附能力，承载它们的往往是粗壮的廊架或墙体，如图5-6（b）所示；紫藤则是向上缠绕攀爬的，因此它的棚架要有供其攀爬的圆形柱子，如图5-6（c）所示。我们在描绘缠绕类植物的藤蔓时，也要把其缠绕弯曲的形态表现出来。

（a）蔓生类（藤本月季）　　　（b）吸附类（凌霄）　　　（c）缠绕类（紫藤）

图5-6 攀援植物的常见形态

6. 棕榈类

棕榈类植物树形独特，可分为两类：一类大多有独立主干，叶片多集中在树顶，没有分枝，如蒲葵［见图5-7（a）］、椰子树等；另一类成丛生长，但叶片形态依旧十分具有棕榈类植物的特点，如散尾葵［见图5-7（b）］、棕竹等。

7. 竹类

竹类植物的造型凌乱，通常被众多建筑速写初学者视为最难画的一种植物。只有充分了解它的生长形态后，绘图者

（a）有独立主干的棕榈类（蒲葵）　（b）成丛的棕榈类（散尾葵）

图5-7 棕榈类的常见形态

才能更容易抓住其特征，作画时才能做到胸有成竹。竹类植物的形态大致分为两种：散生状和丛生状，如图5-8所示。

（a）散生竹，如毛竹　　　　（b）丛生竹，如琴丝竹

图5-8 竹类的常见形态

了解了植物的典型形态特征后，再来逐一学习那些具有代表性的形态该用哪种画法表现，如此方能举一反三，提高学习效率。大家在今后的写生过程中遇到新植物时，也可以自己创作出合适的表现方法。

二、植物的基本笔法

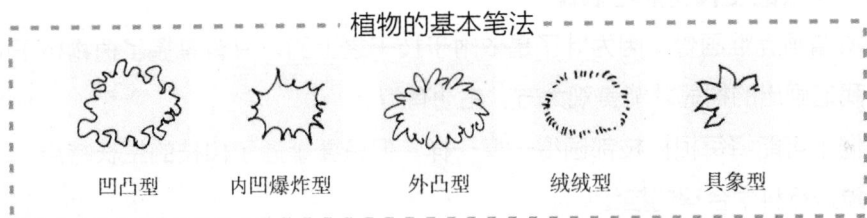

钢笔速写中，常用的画植物的笔法有 5 种，如图 5-9 所示。

（1）凹凸型：适用于表现阔叶植物，常用于画乔木、灌木丛。

（2）内凹爆炸型：适用于表现较为尖锐的叶子，可用于画乔木与灌木，多与用凹凸型笔法绘制的植物搭配，进行层次上的区分。

（3）外凸型：适用于表现阔叶灌木丛，也可以用于绘制乔木。不过，外凸型笔法看起来很"萌"，画灌木更合适。

（4）绒绒型：适用于表现小叶片和针叶植物，例如小叶女贞球、松柏等。

（5）具象型：适用于表现近景的叶片，以增加画面中植物的层次感。

植物的基本笔法

图 5-9 植物的基本笔法

但要注意，对于初学者来说，植物的线条并不如想象中那么好"绕"，会出现各种各样的问题，如图 5-10 所示。

因此，读者需要多注意，避免出现图 5-10 中的错误，并多加练习，勤于观察与思考。

错 误 示 范

| 每个凹凸部分大小相近，距离相等，这样更像齿轮而不像树丛 | 没有体现出爆炸式的内凹特点；用笔太连续，无法表现出美丽的形态 | 外凸部分大小相近，显得呆板 | 每根绒针距离相似，长短相近，不够生动 | 没有画出每片叶子的不同形态，也没有表现出叶子之间的疏密关系 |

图 5-10 笔法错误示范

绘图者画植物时应注意以下两点。

（1）要经常提笔，不要一笔画到底。

（2）要画得慢，每一笔都要考虑疏密关系、节奏感（就是要有大有小、有长有短、有紧有宽）。

在熟练掌握画植物的基本笔法后，我们就可以将它们灵活地运用到各种适合的植物上了，如图 5-11 所示。

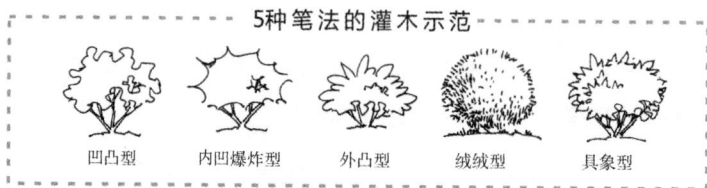

图 5-11 5 种笔法的灌木示范

【练习】

将以上 5 种灌木的表现方法各临摹 20 遍，直到能熟练运用这 5 种笔法为止。

三、树枝的生长特点与表现

正所谓画虎难画骨。因为叶子是依附于枝干之上的，只有掌握了植物枝干的生长特性，我们画出的树冠才能美观大方、生动有型。

我们不可能将每根树枝都画得一模一样，但只要掌握了树枝的生长特点，就能对写生对象进行科学合理的描绘。

树枝的特点及绘画时需要注意的地方如下。

（1）所有的植物都有趋光性，并且光源往往在上方，因此大多植物都有向上生长的特性，就算有些枝条因为太长、太软而下垂，在枝条顶端也是有向上的趋势的，如图 5-12（a）所示。

（2）由于植物是天然生长形成的，所以它们不会像工业化生产的物品那么笔直无瑕，但恰恰是这些自然形成的弯曲和树皮上岁月的痕迹让植物变得更生动。

（3）注意画出枝条上的生长节点，它们就像植物的骨节，如图 5-12（b）所示。

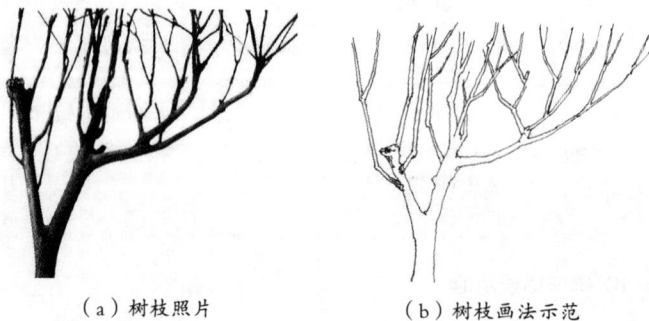

（a）树枝照片　　　　　（b）树枝画法示范

图 5-12 树枝的画法

（4）尽量避免树枝之间出现平行的情况，如图 5-13 所示。

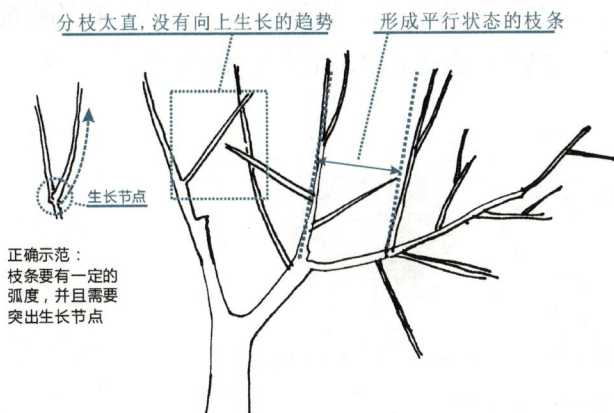

分枝太直，没有向上生长的趋势　　形成平行状态的枝条

生长节点

正确示范：
枝条要有一定的
弧度，并且需要
突出生长节点

图 5-13 树枝错误示范

【国画"树法"】

在树枝的表现方面，中国山水画经过几百上千年的经验积累形成了一套成熟的画树方法，扫描二维码观看视频可从国画"树法"中获得一些钢笔速写中通用的技法，尤其是树枝的造型与韵味表现方面。

中国山水画"树法"
讲解示范

四、典型植物的画法

下面介绍各种典型植物的画法，如果能将下面列举的植物形态全部画出来，那么绘图者在写生或创作时便可以举一反三，不会再觉得表现植物是个难题。

1. 乔木的画法与案例

乔木的基本形态可看作是从球形演变而成的蘑菇状，这也是球形树的雏形，如图 5-14 所示。

光　　　光　　　光

图 5-14 树的形态分析（1）

绪论
一点透视
线的表现
画面布局
常见物体的画法
两点透视、圆的透视及三点透视
综合案例分析及列图

在画植物时，需要注意植物的立体感。大多数植物从上方看都是一个圆形，且在画树叶和树枝时，应对树叶和树枝进行部分遮挡。事实上，树的结构不是一个单独的蘑菇形，而是由几个蘑菇形组合而成的，如图5-15所示。

图 5-15 树的形态分析（2）

还有一些具体的画树技巧，会在接下来的典型乔木画法中讲解。

2. 典型乔木画法示范与讲解

（1）球形乔木

此处以球形乔木桂花树为例进行讲解，其照片和速写如图5-16所示。

球形桂花树的画法

（a）桂花树照片

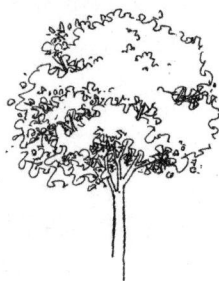

（b）桂花树速写

图 5-16 桂花树画法示范

桂花树是最能代表球形乔木的树种。它生长缓慢、枝叶茂密，十分适合修剪为球形。虽然桂花树枝叶茂密，但我们在画它时，仍要注意每组树枝的前后遮挡关系，并且还需要故意露出一些枝条，以增加层次感和透气感，如图5-17所示。

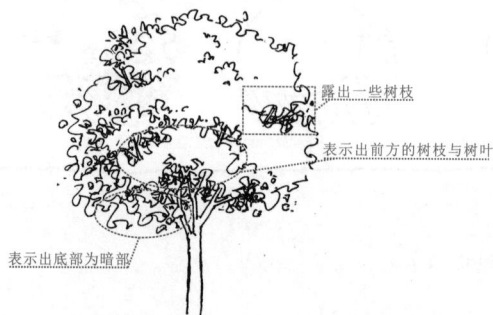

露出一些树枝

表示出前方的树枝与树叶

表示出底部为暗部

图 5-17 桂花树画法分析

我们可以将球形树的画法举一反三到许多其他树形中，具体如下。

（2）水滴形乔木

水滴形乔木（法国冬青）画法示范如图5-18所示。

水滴形法国冬青的画法

（a）法国冬青照片　　　　（b）法国冬青画法示范

图5-18 水滴形乔木（法国冬青）画法示范

图5-19为错误画法案例，绘图者需避免出现以下错误。

①图5-19（a）中的乔木，由于没有露出树枝，所以显得不透气，造型也没有做到凹凸有致，因此整体像棉花糖。

②图5-19（b）中的乔木，虽在树冠上画了一些树枝，但由于缺乏树叶的遮挡，所以显得树很平，像一片白菜叶。

（a）棉花糖状　　　　　　　（b）白菜叶状

图5-19 错误画法案例

（3）多球形乔木

许多大型乔木（如桉树、朴树、皂角树等）的枝叶不像桂花树那么密，它们的造型更加疏朗，可以看作多球形的树，在自然景观中经常作为背景或主景观树出现，也是我们必须练习的树形。在画多球形树时，绘图者既要注意枝干与叶团的藏露关系和前后关系，也要注意枝条的连续性与美观性，如图 5-20 所示。

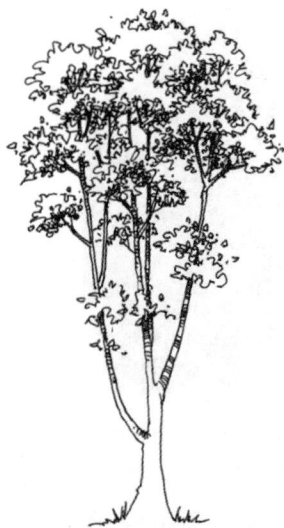

（a）多球形树照片   （b）多球形树画法示范

图 5-20 多球形树画法

（4）锥形、塔形乔木

无论是锥形乔木，还是塔形乔木，在对它们进行描绘时，绘图者都应当遵循光线规律，明确主光源的方向。通过笔触的变化表现出不同的树种，如图 5-21 所示。

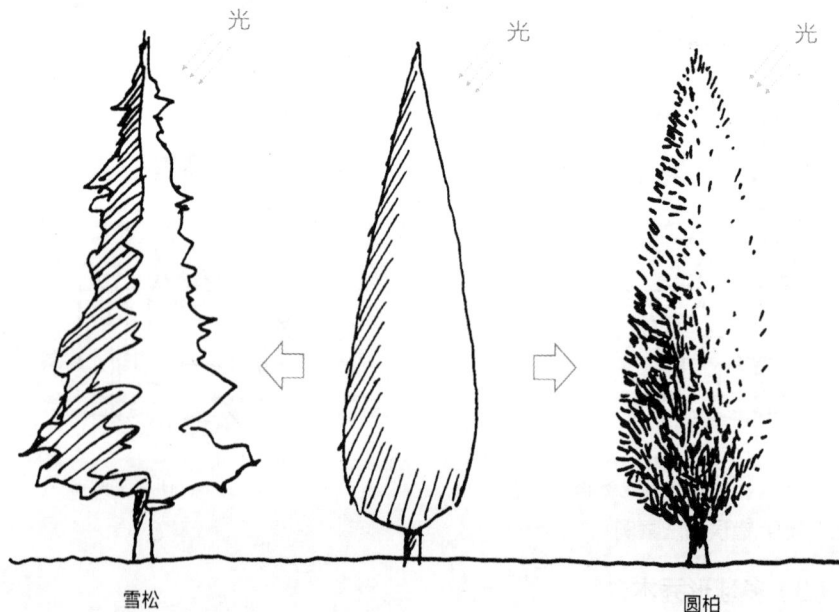

光   光   光

雪松   圆柏

图 5-21 乔木形态演变

接下来列举几种具有代表性的锥形、塔形乔木的画法。

①圆柏

圆柏的画法可以代表那些枝叶紧密细小、整体呈锥形的柏树的画法，如侧柏、刺柏、龙柏等。通常使用绒绒型的小短线笔触来表现针叶，值得注意的是，这些小短线一定是成组分布的，并且疏密有致，能体现出植物的明暗关系与体积感，如图 5-22 所示。

塔形柏树的画法

（a）圆柏照片　　　　（b）圆柏画法示范

图 5-22　圆柏画法

②雪松

雪松属于塔状乔木，其有一根独立树干，自下而上轮生出羽状枝叶，如图 5-23（a）所示。其画法也适合类似的树形，如南洋杉、冷杉等。

塔形雪松的画法

画雪松时，绘图者要注意以下几点，如图 5-23（b）所示。

·轮生的枝叶由上至下，逐层变大，从而形成塔状。因此，树干在枝叶间时藏时露，要具有连贯性。

·由于枝叶的轮生关系，因此不可避免地需要表现出正对观察者的枝叶组。绘图者只有画出正对的枝叶，才能将植物的立体感表现出来。

·叶片的画法类似羽毛，也类似椰树树叶的画法，需要注意每条短线的疏密与方向变化。

（a）雪松照片　　　　　　　　　　（b）雪松画法示范及分析

图 5-23 雪松画法

> 【注意】
>
> 　　我们在画植物时，有时会因为植物本身长得不完美，而对其进行形体上的艺术处理，以满足画面需求，因此不可照搬照抄。比如，图 5-23 所示雪松中部的分枝有些杂乱，影响株型，且整株有种矮胖感，不够挺拔，因此在绘画时进行了艺术处理。

③细叶桢楠

　　一些阔叶乔木也是塔状的，如细叶桢楠、水杉、落羽杉等。虽然它们叶子也较小，但相对于针叶乔木而言，在质感上更显柔和，因此我们绘画时多采用凹凸型笔法，如图 5-24 所示，具体画法要点与球形乔木相同。

塔形细叶桢楠的画法

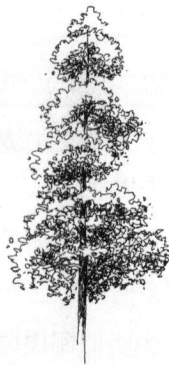

（a）细叶桢楠照片　　　　　　　（b）细叶桢楠画法示范

图 5-24 细叶桢楠画法

（5）棕榈形树

①椰树

椰树的叶子为羽状全裂，画好它的关键是生动地表现它的叶子，具体方法如图5-25所示。

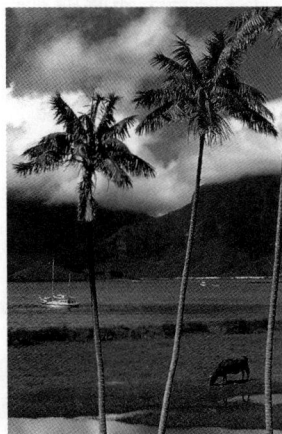

每片叶子的方向姿态都不同，笔触富有变化

叶梗的地方留白

注意并调整树形与姿态

棕榈形椰树的画法

枝干不要画得太笔直

（a）椰树照片

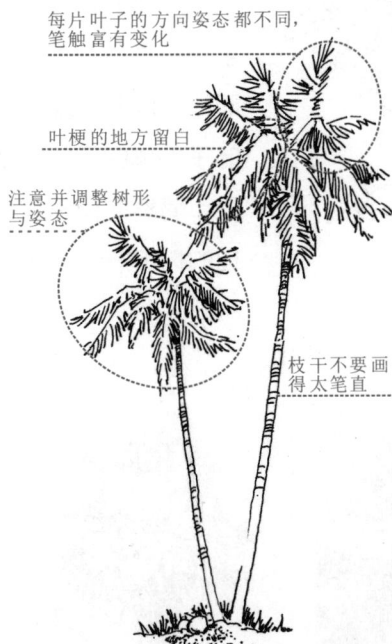

（b）椰树画法示范及分析

画出叶梗，且叶片接到叶梗上，显得整个羽叶不立体且单薄

椰树的羽叶平均分布，羽叶上的裂叶片画得平均、呆板

树干笔直呆板

（c）椰树的错误画法

图5-25 椰树画法

②铁树

铁树叶片与椰树相似，但其生长特征却有所不同。铁树羽状叶片上的裂叶细且质地硬，并向上形成 V 形，因此绘图者在画铁树时可以用线条将每片裂叶表现出来，并表现出叶片的立体感与弹性，如图5-26所示。与之画法相似的有棕榈科刺葵属的植物，

如中东海枣、加拿利海枣、美丽针葵等。

图 5-26 铁树画法示范

③蒲葵

蒲葵的叶片呈掌状裂（形状像手掌，叶尖像手指一样裂开），蒲扇就由这种植物的叶片制作而成，因此，绘图者在画蒲葵的叶子时，应注意叶子整体的团状以及叶子的动态。蒲葵与棕树相似，蒲葵的树干笔直粗壮，叶片大而坚硬，而棕树的树干细弱，叶片柔软，如图 5-27 所示。

（a）蒲葵照片

（b）蒲葵画法示范

棕榈形棕榈树的画法

（c）棕树照片

（d）棕树画法示范

图 5-27 蒲葵和棕树的画法

（6）乔木状草本植物（竹子）

大多数初学速写的绘图者画竹子时都感到十分头疼，因为从外形上看，竹子往往呈现的是一片或一丛的状态，不像球状乔木那样冠幅、形状明确。若绘图者归纳不好竹叶的疏密关系，不能很好地分出竹叶，则画面会显得呆板，丛生的关系也容易显得凌乱。

画竹子的要点：在外凸形笔法的基础上，将叶片画成披针形（类似长三角形），如图5-28所示；竹竿的竹节要逐一画出，不可拉通直线后再分节，竹竿整体要画得生动、有弹性，不可每根都笔直，应偶尔出现倾斜、适当弯曲、相互穿插，如图5-29所示。

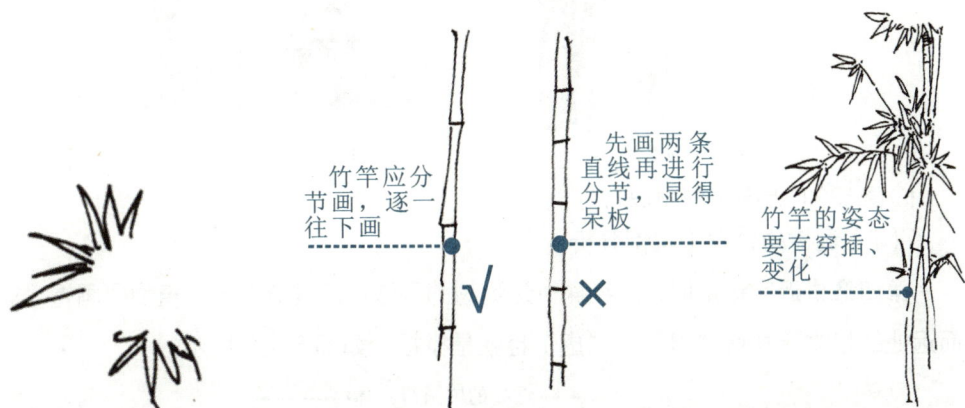

竹竿应分节画，逐一往下画

先画两条直线再进行分节，显得呆板

竹竿的姿态要有穿插、变化

| 图5-28 竹叶的基本笔法 | 图5-29 竹竿的画法 |

①竹丛

竹丛的画法与灌木类似，只是基本笔法有所不同。绘图者看清每个竹丛之间的分界关系，下笔时才能条理分明。为了使竹丛更有层次，绘图者既要注意竹叶与竹竿之间的遮挡关系，也要注意竹竿与竹竿之间的遮挡关系，如图5-30所示。

竹子画法示范

（a）竹丛照片 　　　（b）竹丛的画法示范

图5-30 竹丛的画法

②近景竹子

近景竹子需要将每一片竹叶都画出来，并且要尽量做到每一片竹叶的大小、形状、动态都不同，还要注意竹叶的聚散关系。此外，竹竿的前后遮挡关系和竹叶间的穿插

绪论

一点透视

线的表现

画面布局

常见物体的画法

两点透视、圆的透视及三点透视

综合案例分析及例图

要连续，不要错位，如图 5-31 所示。

（a）近景竹子的照片　　　　　　（b）近景竹子的画法示范

图 5-31 近景竹子的画法

（7）远树的处理（案例分析）

第四章讲近实远虚时，已经探讨过远树的画法：近景与中景的植物要画得"实"，而远处的植物要画得"虚"，"虚"也就是概括，如图 5-32 所示。

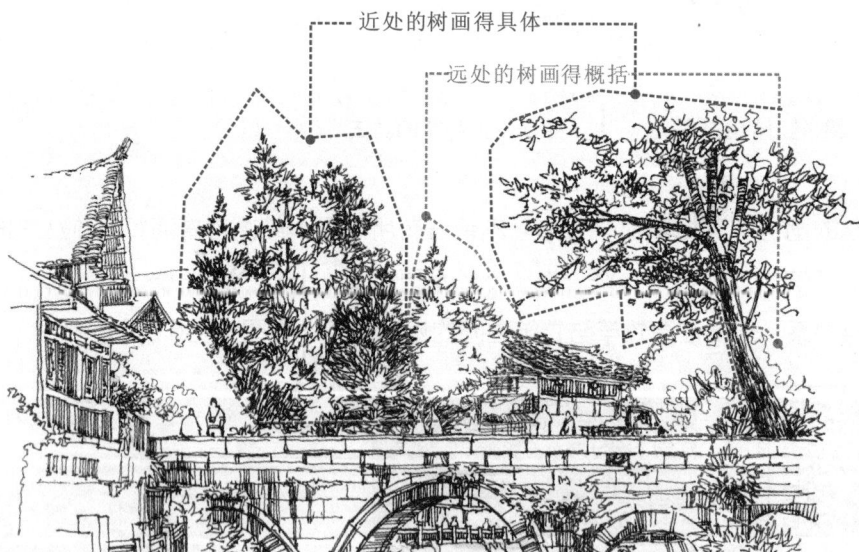

近处的树画得具体

远处的树画得概括

图 5-32 远树的画法示意

3. 灌木的画法（含藤本植物）

常见的灌木形态主要分为规则形和自然形，其中，规则形多是指经人工修整过的形状，如球形、带状、柱状、动物形状；自然形则是未经修剪或很少被修剪的形状。

（1）规则形灌木的画法

①球形灌木（金叶女贞）

球形灌木的叶片茂密，往往看不到枝干。在画球形灌木时，绘图者需要着重注意球形的光影变化——画出明显的迎光、过渡与背光的关系，如图 5-33 所示。

（a）球形灌木照片（金叶女贞）　　　　（b）球形灌木的画法

图 5-33　球形灌木的画法示范

②带状灌木（小叶女贞）

画带状灌木的关键点是要将灌木带的迎光面、背光面和过渡面明确地表达出来，用画树叶的线来表示明暗关系，还要注意强调明暗交界线，如图 5-34 所示。

（a）带状灌木照片（小叶女贞）　　　　（b）带状灌木的画法

图 5-34　带状灌木的画法示范

（2）自然形灌木的画法

自然形灌木在速写初学者的眼中常常是混沌一片，画的时候也是"一团乱麻，无从下笔"。由于灌木往往是以"群居"的状态出现的，因此，绘图者要想画好灌木丛，就必须认清灌木的枝干形态并有意识地将连成片的灌木分开，如图 5-35 所示。

（a）自然形灌木丛照片　　　　　　　（b）自然形灌木丛分株示意

图 5-35　自然形灌木丛分株画法示范

（c）自然形灌木丛分株后画出的效果

图5-35 自然形灌木丛分株画法示范（续）

①单株自然形灌木

画自然形灌木的关键点在于其内部枝干的形态，株型要饱满，如图5-36所示。

②藤本植物

由于藤本植物常需要依附其他植物生长，没有固定

（a）单株自然形灌木枝干　　（b）单株自然形灌木画法

图5-36 单株自然形灌木画法示范

的形态，因此，绘图者在画藤本植物时一定要露出一些藤架的局部，否则整个藤本植物会没有骨感。绘制藤本植物的叶子的基本笔法与灌木和乔木相同。图5-37（b）中并没有画出花，因为速写时还没有画出花簇的必要，可以在后期上色时再用色块表现出花簇，用这种方法画出的花更柔和、更自然。

（a）藤本植物照片　　　　　　　　　（b）藤本植物画法

图5-37 藤本植物画法示范

4.草花画法与案例

草花的形态多种多样，下面根据草花的不同形态介绍几种具有代表性的画法，有

的以成丛的形式概括，有的则要画出具体的形态。

（1）草坪

草坪常用有参差变化的小短线来表现。在靠近树根的地方，草较长，因为割草机不易割到。在处理草的疏密关系时，绘图者要按照"有投影的地方密，亮的地方疏"的原则进行绘制，如图5-38所示。草自身生长的疏密也能形成疏密关系，从人的视角看时，密的地方呈现水平分布，原理和画法与地毯一样。

（2）概括（远处）的草丛

不同叶形的草丛的表现方式不一样，图5-39所示的画法就适合表现远处的草丛、概括的草丛。

图5-38 草坪的画法

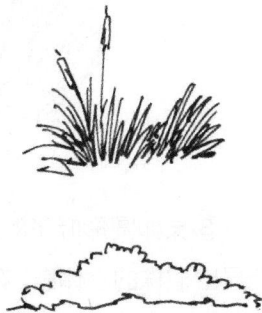

图5-39 草丛的画法

（3）具体（近景）的草花

近景的草丛与草花则需要描绘出它们各自的特点，下面列举了几种常见的草本植物形态，并讲解了相应的画法。

①带状叶子的草本植物、拱枝形灌木，代表植物有兰花、迎春花。画这一类植物的叶子时，绘图者要注意先画出正前方的叶子，如此才能显得有立体感。另外，绘图者还要生动地画出叶片、枝条向四周散开的形态——高度、弧度、长短都要有变化，如图5-40所示。

（a）兰花　　　　　　（b）迎春花枝干

图5-40 带状叶子的草本植物、拱枝形灌木的画法示范

②剑形叶子的植物。披针形叶子比带状叶子宽，也更硬，因此，它们不像带状叶子那么容易弯曲。绘图者需注意叶子的疏密、方向。

代表植物：鸢尾（见图 5-41）。与之画法类似的植物有香蒲、蝴蝶兰等。

代表植物：凤尾丝兰（见图 5-42）。这类植物的叶片为披针形，整体呈莲座状，与之画法类似的植物有剑麻、龙舌兰等。

图 5-41 鸢尾

图 5-42 凤尾丝兰

③长卵圆形叶子的草本植物。这类植物一定要画出正面或正侧面的叶子，这样才能显出植株的立体感。在叶片上，绘图者还可以根据光影关系画出一些有疏密的叶脉。

代表植物：美人蕉（见图 5-43）、绿萝（见图 5-44）。画法类似的植物还有马蹄莲、白鹤芋、红掌、花叶良姜等。

图 5-43 美人蕉

图 5-44 绿萝

【练习】

1. 对比照片，多临摹几次以上具有代表性的植物，直到能背临（不看原画就能画出）为止。

2. 找到一些植物照片进行植物速写练习，或面对植物进行写生。

3. 临摹以植物为主的钢笔速写场景作品。

第二节　水

本节将讲到水的两种状态——平静的水和湍急的水。由于水在这两种状态下有着不同的特性，呈现出的形态也不同，因此画法也不相同。掌握好这两种水的画法，读者就能在写生时应对遇到的所有水体。

一、平静的水

1. 原理与基本方法

绝对平静的水就像一面镜子，能倒映出岸上的风景。组成这种水面的重要元素有3个：水的固有色（绿色、蓝色或土色）、岸边物体投射在水面的阴影（简称投影）和物体在水中的倒影。初学者常混淆投影和倒影——倒影是以水面为对称轴产生的对称影像；投影则是依附于水面的阴影，与物体在地面的投影类似。在画平静的水时，我们能观察到：清澈水体透明见底，投影不明显，但倒影十分清晰，如图5-45（a）所示；浑浊水体的投影更多，如图5-45（b）所示。所以，浑浊的水更能凸显投影，而倒影因水质的不透明则变得颜色较"粉"（明度对比降低）。因此，我们要表现水体的清澈透明感时，一定要将水中倒影的暗部画深，大胆留白以形成明暗对比。（小技巧：当我们的写生对象为浑浊的水体时，我们应尽量将它画得清澈，谁不喜欢山清水秀呢？）

（a）清澈水体

（b）浑浊水体

图 5-45 清澈水体与浑浊水体的比较

画平静的水实际上就是在画倒影。倒影的明暗变化要与岸上物体的明暗变化一致（岸上物体的暗部在水中的倒影也应画得暗，岸上物体的亮部在水中的倒影就应当亮或留白），如图5-46（a）所示；微风拂过的水面也属于相对平静的水面，可用轻微的弧线代表涟漪，但需注意这些弧线应该是水平的，而不应该受到倾斜岸线的干扰，如图5-46（b）所示。

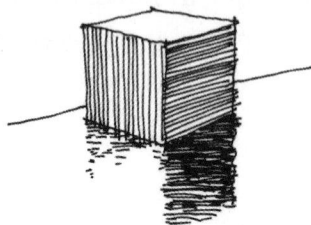

（a）平静的水面倒影画法（√）　　　（b）有一些涟漪的水面倒影画法（√）

图5-46 水体正确画法示范

在画水面时，常见的错误画法有两种：将水纹画得垂直于物体边缘，如图5-47（a）所示；将投影与倒影都画得十分清晰，如图5-47（b）所示。因为明显的投影和清晰的倒影几乎不可能同时出现，浑浊的水会有明显的投影，清澈的水则倒影更明显。

（a）常见错误水面画法1（×）　　　（b）常见错误水面画法2（×）

图5-47 水体错误画法示范

平静的水的绘画要点如下。

（1）用水平线表现水的波纹。

（2）用波浪线表现出倒影的形状，而非用实线勾勒水中的倒影。

（3）表现水面要适可而止，可大胆为天空留白。切勿将整个水面画得漆黑一片，那样就成污水了。

2. 平静水面的案例分析

（1）上里古镇二仙桥

相关照片和速写如图5-48和图5-49所示。

扫码看彩图

图5-48 上里古镇二仙桥照片

图 5-49 上里古镇二仙桥速写示范

上里古镇二仙桥速写的错误画法有以下几种。

①水在整个画面中显得特别黑，如图 5-50 所示，这是不协调处之一。正确的画法：水的暗部究竟画多黑要取决于整个画面的基调。也就是说，如果水面以外都以线描为主，那么水的波纹线不宜画得又黑又密。不协调处之二，水中倒影的形体不符合岸上物体倒影的实际规律，也没有区分出桥的侧面与桥洞底面的明暗关系。这样不能将水中倒影与桥很好地联系起来。

②河道看起来并不像有水的样子，如图 5-51 所示。造成这种错觉的原因是组成倒影的线条几乎是顺着河道方向的，还画出了桥和树的投影，因此给人一种河道干涸的感觉。

图 5-50 二仙桥速写错误画法（1）

图 5-51 二仙桥速写错误画法（2）

（2）上里古镇磐安桥

相关照片和速写如图 5-52 和图 5-53 所示。

图 5-52 上里古镇磐安桥照片

图 5-53 上里古镇磐安桥速写示范

上里古镇磐安桥速写的错误画法有以下几种。

①水中的倒影边界用实线勾画，显得生硬，如图5-54所示，看起来更像实体而非倒影。正确的画法：倒影的笔触应使用水平线或水平波浪线。

图5-54 磐安桥速写错误画法（1）

②图5-55以线描为主，水的笔触使用横线，这些画法都是正确的。但为何还是没有表现出水的通透感呢？原因在于倒影太浅。前文提过，清澈的水的倒影比岸上物体颜色更深。因此，这里的不足在于倒影表现得不够明显，倒影的形也不够准确。

图5-55 磐安桥速写错误画法（2）

二、湍急的水——溪流、跌水、瀑布

1.湍急水流的表象特征

要表现好湍急的水流，绘图者首先要认识它的表象特征。绘图者可以带着以下问题认真观察图5-56中的水流。

①水在什么地方呈现白色？

②水在什么地方恢复深色？

③白色的水由什么衬托？

经过观察，我们得出以上问题的答案如下。

①水流越急的地方水越白，因为水流撞击产生气泡，而众多气泡聚集在一起呈现出白色。

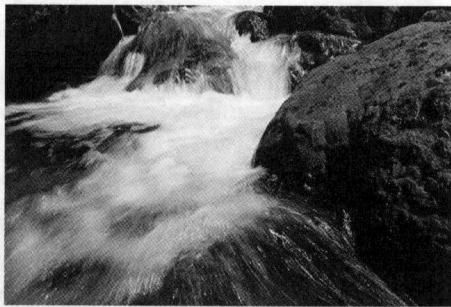

图5-56 湍急的水流

②急速的水流撞击出的气泡在水流稍缓的地方消散，又显现出水的透明属性，映射出水底的颜色和岸边的倒影，因此颜色变深。

③白色的水流（瀑布）旁是深色的石头或颜色较深的水。因此，绘图者若想表现出水流湍急产生的白色，就需要用旁边的深色物体进行衬托。

2. 湍急水流的速写表现技巧

相关技巧如下。

①画湍急的水流时，线条要跟随水的方向。绘图者在对瀑布进行留白时，也不是一笔都不能添加，可以适当地在水流侧面用几笔表现水流的方向。

②在湍急的水流旁，也会有积水形成平静的水洼，此时依旧用水平的波浪线来表达。

③用点状、短弧线的笔触表现瀑布打在石头上或水洼中水花四溅的感觉。

3. 湍急水流画法案例

（1）小溪跌水

相关照片和速写如图 5-57 所示。

（a）小溪跌水照片　　　　　　　　（b）小溪跌水速写示范

图 5-57 小溪跌水案例

小溪跌水的速写步骤如图 5-58 所示。

（a）

图 5-58 小溪跌水的速写步骤

①选择一块石头开始画，水流、石头和植物同时进行绘制，如图 5-58（a）所示。

②瀑布的水流用竖向的线表示，注意留白，如图5-58（b）所示。

(b)

③注意每一层跌水的关系，需画出错落有致的水流，如图5-58（c）所示。

(c)

④画出下部较为平坦的部分，此处水流也相对平缓；较急的水依旧用线表现出水流的方向，积水的水洼中有平静的水，用水平的波浪线来表现倒影的深色以衬托水流的白色，如图5-58（d）所示。还要注意的是，水流的方向和石头的形状是有着密切联系的，想象一下一块丝绸搭在石头上的样子。

(d)

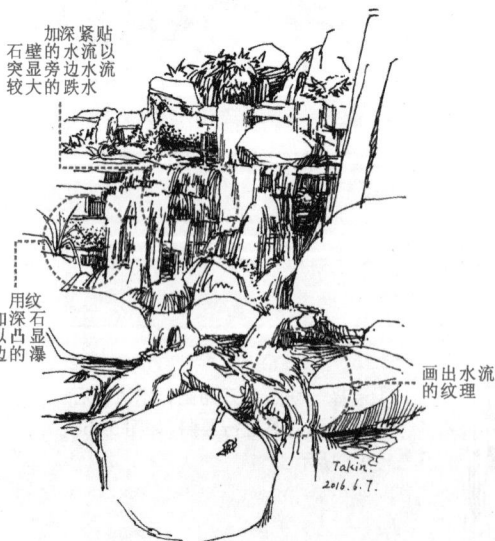

加深紧贴石壁的水流以突显旁边水流较大的跌水

用纹理加深石壁以凸显旁边的瀑布

画出水流的纹理

Takin.
2016.6.7.

⑤整体调整，加深某些局部以凸显瀑布的水流，如图5-58（e）所示。

(e)

图5-58 小溪跌水的速写步骤（续）

（2）上里古镇文峰塔桥河滩

相关照片和速写如图 5-59 所示。

（a）上里古镇文峰塔桥河滩照片

（b）上里古镇文峰塔桥河滩速写示范

（c）上里古镇文峰塔桥河滩速写的错误案例

图 5-59 上里古镇文峰塔桥河滩案例

岩石侧面画暗衬托急流

平坦的地方水纹、倒影多，笔触密

水流急的地方人为提亮，笔触疏

水花留白，衬托水流

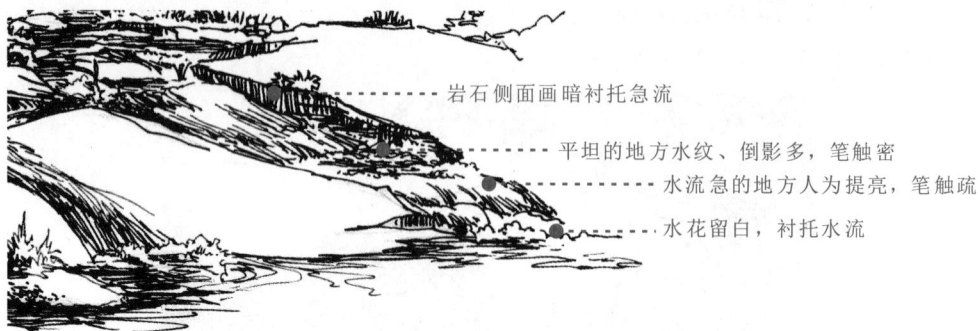

（d）上里古镇文峰塔桥河滩水流的局部画法分析

图 5-59 上里古镇文峰塔桥河滩案例（续）

在这个案例中，河滩上流淌的水流并不像瀑布、跌水那样会形成明显的白色区域，因此很容易画成图 5-59（c）那样，感觉水的颜色是黑的，水流像污水。这样的情况该如何表现水流呢？绘图者应当将水流的急与缓进行强调与夸张，如图 5-59（d）所示，表现方法与上一个案例类似。

【练习】

1. 对比照片，临摹图 5-49。学习、体会平静的水的画法，巩固上一节学习的植物画法。

2. 对比照片，临摹图 5-57（b）。学习瀑布与跌水的画法，注意画面中的疏密关系。

3. 尝试对平静的水、湍急的水进行写生。

第三节　石头

石头作为配景在写生场景中经常出现，因此，这一节将介绍一些常见的石头类型及相关画法。石头的体积有大有小，有的呈自然散布状态，有的经过人工堆砌成为石墙、石阶。而无论石头的大小、品种、堆砌方式如何变化，画石头的线条一定要刚劲有力、干脆利落，不可绵软犹豫，如图 5-60 所示。

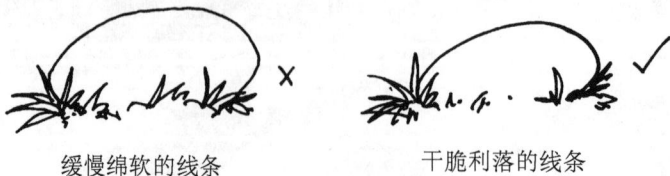

缓慢绵软的线条　　　　　　　干脆利落的线条

石头的画法

图 5-60 画石头的线条

一、卵石与砾石

1. 卵石

卵石十分常见，大多以成片的状态存在。初学者在面对一大堆卵石时往往比较急躁，常会画成图 5-61 所示的那样，这些"圆圈"画得太潦草，没有考虑每颗石头的形态、大小、方向和层叠关系，因此显得不真实、没有立体感。画卵石时，绘图者要注意画出前后关系以及堆叠关系。自然形成的卵石中，有的经过水流不断冲刷变得浑圆，有的还没有被磨得十分光滑，因此，为了使卵石看起来更富有变化、更生动，我们可以将一些卵石画得有棱角一些，如图 5-62 所示。

图 5-61 错误的卵石画法

（a）圆润的卵石　　　　　　　　（b）有棱角的卵石

图 5-62 卵石画法示范

2. 砾石

砾石主要用于覆盖泥土，防止沙土飞扬、水土流失等，常用于铺装花园小道、覆盖植物根部裸露的土壤等，具有渗水快、透气、利于植物生长等优点。

画砾石与画草地的原理相同，主要在有阴影的地方着重表现，亮的地方留白。基本元素采用大小不一的小圆和三角形，如图 5-63 所示。

（a）砾石与石板路照片　　　　　　　　（b）砾石与石板路画法示范

图 5-63 砾石与石板路的画法

二、景观石

景观石品种繁多，从形态归类，常见的有以下3种。

（1）形态如一颗巨大的鹅卵石，多为花岗石，主要出产于我国西南地区，如图5-64（a）所示。

（2）形态比较方正，有棱角，如黄石，主要出产于我国中部地区，如图5-64（b）所示。

（a）花岗石

（c）太湖石

（b）黄石

图5-64 常见景观石

（3）形态以瘦、透、漏、皱、嶙峋为美的太湖石，主要出产于我国江苏，如图5-64（c）所示。

在画景观石时，绘图者要使用有力、有顿挫感的线条；在用平行线表现石头的暗部时，要同时表现出面的方向，如图5-65所示。

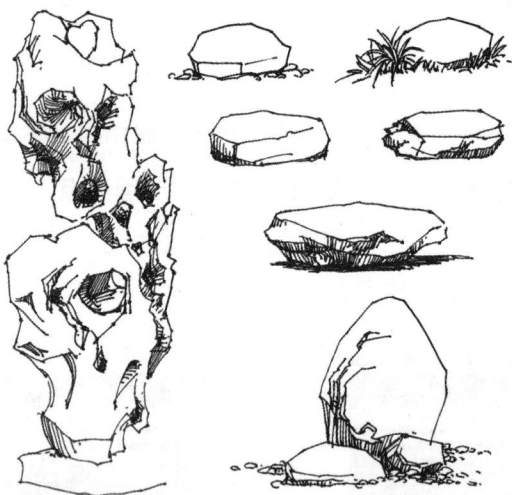

图5-65 常见景观石画法示范

石头组的画法

三、石墙与石阶

1. 石墙

石墙的照片和相关速写如图5-66所示。

画石墙的要点如下。

（1）除了石墙本身的轮廓要遵循透视原理外，石墙中的石头也要遵循透视原理，如图 5-66（b）所示。不要出现石墙外形透视正确而石头的排列却没有透视的情况，如图 5-66（c）所示。

（2）石墙是由石头堆砌而成的，因此应一块一块地画，要画出每一块石头的质感，不能画得像袈裟一样，如图 5-66（d）所示。

（a）石墙照片

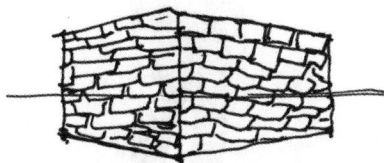

（c）石墙上的石头透视关系错误（×）

（d）画得像袈裟，没有立体感（×）

（b）石墙速写示范（√）

石墙的画法

图 5-66 石墙的画法

2. 石阶

画石阶并不难，但大多数初学者会因为忽视台阶的高度与宽度而导致石阶的形态失真。石阶的高度与宽度的数值并不是设计师说了算，而是由人体工学决定的。

穿 36 码鞋子的人脚长约为 230mm，穿 40 码鞋子的人脚长约为 250mm，穿 46 码鞋子的人脚长约为 280mm。因此，常见的楼梯或台阶平面的宽度约为 300mm。

通常情况下，室外台阶高度小于或等于 150mm，室内台阶高度一般不超过 200mm，如图 5-67 所示。

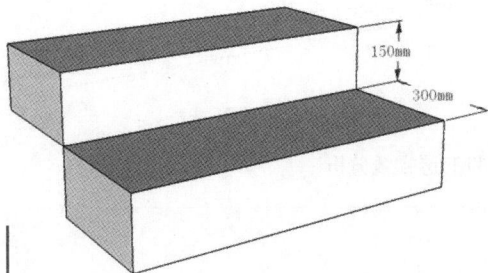

图 5-67 台阶尺寸

200mm的高度看起来不高，但人走起来却已经很费劲了，更不要说将台阶高度设计成300mm了，台阶高度与人的比例如图5-68所示。

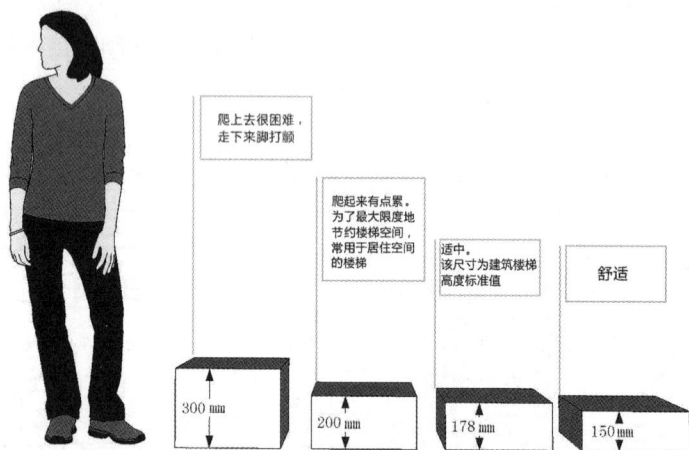

图5-68 台阶高度与人的比例

了解了台阶的基本数据后，绘图者在画台阶时就要注意台阶与人物的比例关系，这样画面才不会失真。

相关实例照片如图5-69所示。

首先在面对图5-69（a）所示的石阶时，绘图者应先将其分组：根据不同方向可分为3组，分别为上方虚线框所示的第1组、下方虚线框所示的第3组，以及中间的两步石阶所示的第2组，如图5-69（b）所示。同一组中的每步石阶相互平行，共用一组消失点，相关分析如图5-70所示。

（a）石阶照片

（b）石阶分组

图5-69 石阶

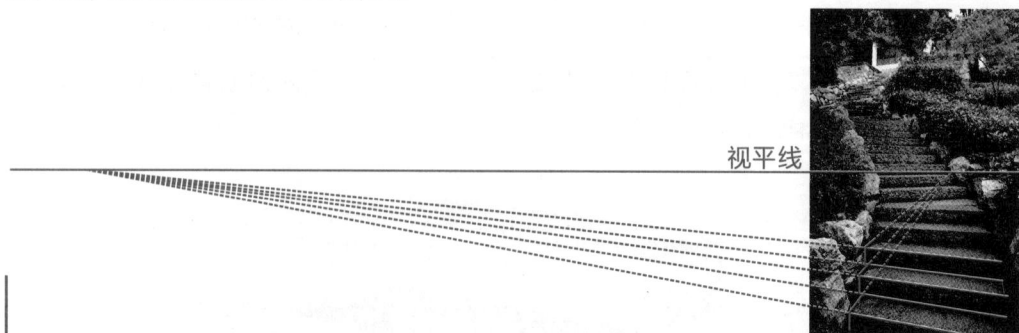

图5-70 第3组石阶的透视线分析

【注意】

找到视平线后，我们会发现：视平线以上的台阶是看不到踏步面的，只能看到立面；反之，视平线以下的台阶能看见踏步面和立面。另外，台阶立面的高永远都呈垂直状态。这些点非常关键，虽然我们在今后实际写生或创作时不会如此精确地定出消失点，但仍然不能忘记台阶结构线的透视原则。

该实例的画法如图 5-71 所示。

（a）用铅笔画出大致结构与透视关系　　（b）用钢笔表现台阶及配景

（c）调整石阶明暗关系

图 5-71 石阶画法示范

画石阶的要点如下。

①石阶的高度与人的比例恰当。

②石阶也有消失点，虽在实际写生与创作中很难精确找到消失点的位置，但绘图者仍要画出合理的透视趋势。

③视平线以上的台阶只能看见立面，视平线以下的台阶能看见踏步面与立面。

④可在石阶的立面上排布疏密有致的平行线，以区分石阶的踏步面、立面，如图 5-71（c）所示。

【练习】

1. 临摹图 5-65 中的石头。

2. 对石头或有石头的场景进行写生。

第四节　坡屋顶与瓦

　　写生时常会画到传统建筑，而传统建筑多为坡屋顶建筑。由于不太了解坡屋顶的结构，初学者在画坡屋顶时往往会出现透视和结构上的错误，因此，本节将列出几种典型的坡屋顶，并对其结构及画法进行讲解。

一、坡屋顶的种类

中国传统建筑常见的坡屋顶按等级排列有庑殿顶、歇山顶、悬山顶、硬山顶。

1. 庑殿顶

　　庑殿顶是中国传统建筑规格最高的屋顶，有 5 条脊，也称为五脊殿，如图 5-72 所示。

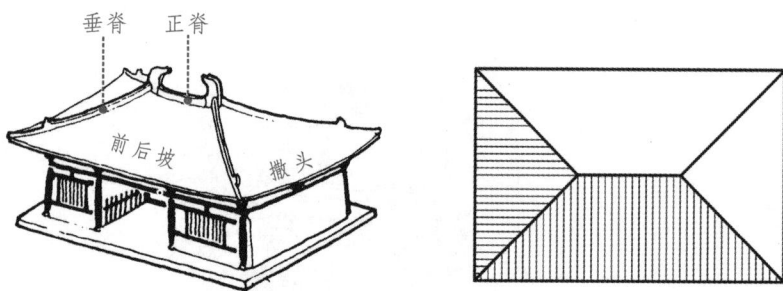

（a）庑殿顶建筑（原图引自刘敦桢著《中国古　　　　　（b）庑殿顶平面示意图
代建筑史》）

图 5-72　庑殿顶建筑

　　庑殿顶常用于殿堂、庙宇，如故宫中皇帝主持政务的太和殿就用的是庑殿顶，并且还是庑殿顶中等级更高的重檐庑殿顶，如图 5-73 所示。

图 5-73　重檐庑殿顶的太和殿

2. 歇山顶

歇山顶有 9 条脊，分别为 1 条正脊、4 条垂脊、4 条戗脊，两侧三角形的挑山面叫作"山花"，如图 5-74 所示。

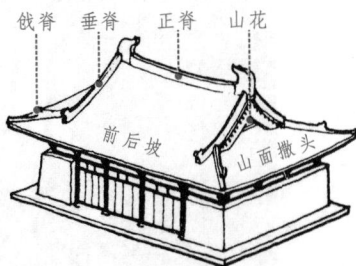

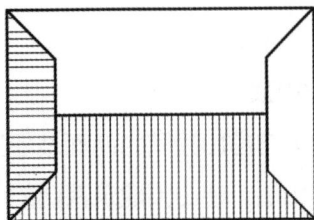

山花 正脊 垂脊 戗脊
前后坡 山面撒头

（a）歇山顶建筑（原图引自刘敦桢著《中国古代建筑史》）　　（b）歇山顶平面示意图

图 5-74 歇山顶建筑

歇山顶的等级略低于庑殿顶，但仍属于高等级建筑屋顶，也常用于殿堂与庙宇，如紫禁城保和殿就是使用的重檐歇山顶，如图 5-75 所示。当然民间也有许多高等级建筑使用歇山顶。歇山顶建筑的山花上常有悬鱼（垂鱼）、博缝板（博风板）等造型，如图 5-76 所示。

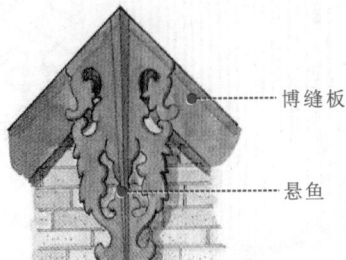

博缝板
悬鱼

图 5-75 使用重檐歇山顶的紫禁城保和殿　　图 5-76 悬鱼与博缝板

3. 悬山顶

悬山顶等级低，常见于民居，有 1 条正脊，稍正式的建筑还有 4 条垂脊，屋面为两面坡，如图 5-77 所示。

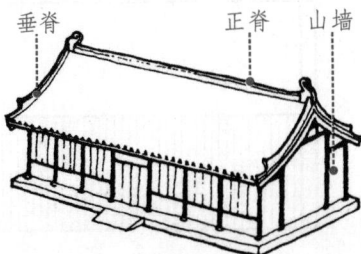

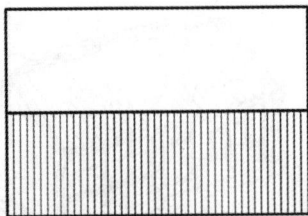

垂脊 正脊 山墙

（a）悬山顶建筑（原图引自刘敦桢著《中国古代建筑史》）　　（b）悬山顶平面示意图

图 5-77 悬山顶建筑

悬山顶建筑的檩条伸出山墙面形成山墙面的屋檐，如图 5-78 所示。这种形式有助于防止雨水侵蚀木质结构。讲究些的悬山顶建筑侧面也有垂鱼及博缝板等构件，如图 5-79 所示。

4. 硬山顶

硬山顶与悬山顶同为两面坡屋顶，不同之处就在于山墙。硬山顶建筑两侧的山墙大多用砖石堆砌，将屋顶夹在中间。因此，硬山顶更利于防火与防风，多见于北方民居，如图 5-80 所示。

图 5-78 西南地区穿斗式悬山顶建筑照片

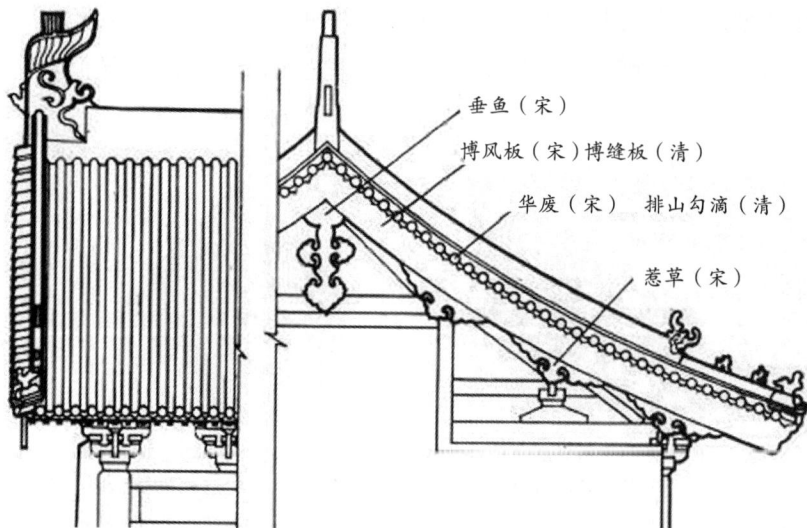

垂鱼（宋）
博风板（宋）博缝板（清）
华废（宋） 排山勾滴（清）
惹草（宋）

图 5-79 北方地区悬山顶建筑及悬山面立面图

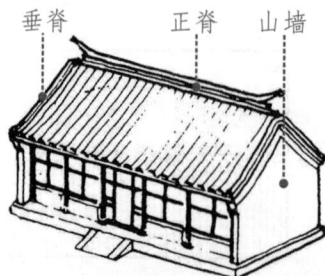

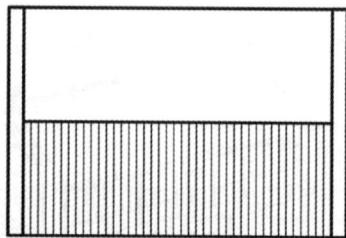

垂脊　正脊　山墙

（a）硬山顶建筑（原图引自刘敦桢著《中国古代建筑史》）

（b）硬山顶平面示意图

图 5-80 硬山顶建筑

硬山顶建筑这种防火的特性也被用到建筑密集的徽派民居和江南民居中，形成独具特色的马头墙，如图 5-81 所示。

（a）北方民居常见的硬山顶

（b）徽派建筑中常见的马头墙

图 5-81 硬山顶建筑照片

二、坡屋顶的透视原理及画法

1. 坡屋顶的透视原理

虽然中国传统建筑的屋顶有一定的弧度，但为了方便我们认识、分解坡屋顶的结构与透视，在画中国传统建筑坡屋顶时，绘图者应先将其看作由直线构成的几何体。

此处以最简单的两面坡建筑为例，并假设这个坡屋顶的檩条没有伸出山墙。

（1）我们可以将这个建筑看成两部分，如图 5-82 所示，上方灰色部分为三棱柱，下方蓝色部分为建筑主体的长方体。

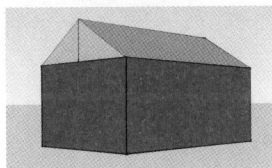

图 5-82 将建筑看成两部分

（2）坡屋顶正脊、屋檐与建筑物长方体部分的某个方向的边，在现实中平行，因此它们将共用一个消失点，如图 5-83 中的蓝色透视线所示。

（3）假如这是一个两坡对称的两面坡屋顶建筑，那么正脊的高度等于山墙中轴线的高度。

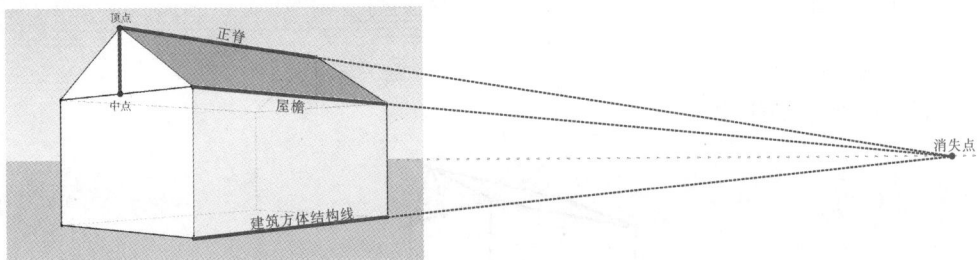

图 5-83 坡屋顶的透视结构分析

（4）坡屋顶单侧坡面两端的线在现实中是平行线，在画面中会消失于一点，但由于它们并不平行于地平面，因此，它们的消失点不在视平线上，如图 5-84 中的蓝色透视线所示。

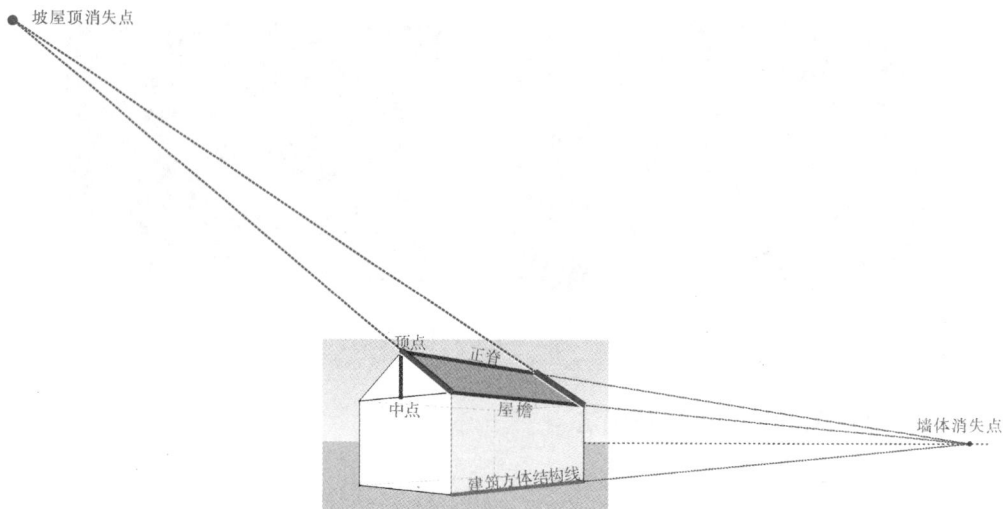

图 5-84 坡屋顶斜面透视分析

2. 坡屋顶的基本绘画步骤

下面讲解一点透视视角和两点透视视角的坡屋顶画法。

（1）根据透视画出建筑物的长方体部分，如图 5-85 所示。

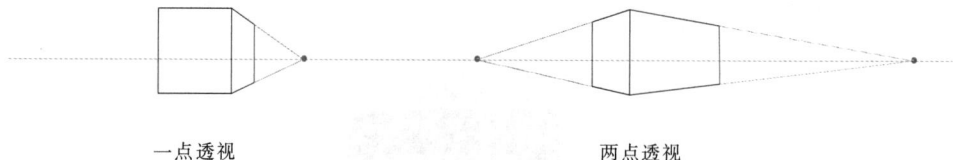

一点透视   两点透视

图 5-85 画出建筑物长方体部分

（2）从山墙面的长方体上边的中点引一条向上的高，这条高垂直于视平线，如图 5-86 所示，而非垂直于长方体的边，如图 5-87 所示。垂线的长度与坡屋顶的坡度有关，绘图者需注意其与长方体上的已知高的比例关系。

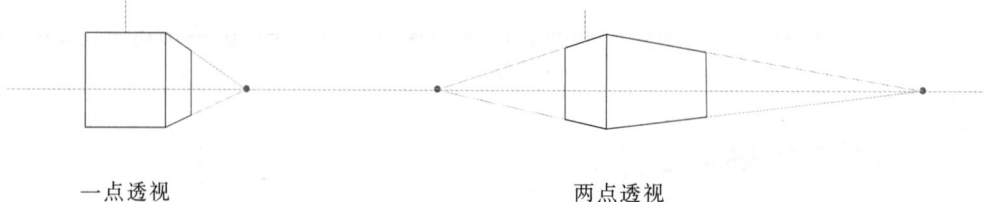

一点透视   两点透视

图 5-86 画出坡屋顶高

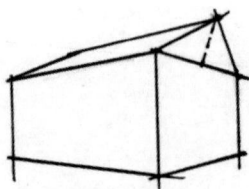

图 5-87 坡屋顶高错误示范

（3）连接垂线的顶点与长方体上的顶点，画出坡屋顶截面三角形，如图 5-88 所示。

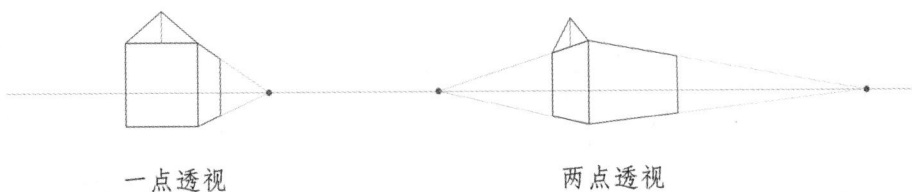

一点透视　　　　　　　　　两点透视

图 5-88　画出坡屋顶截面三角形

（4）画出正脊的透视线，以及长方体的内部结构；并在另一端山墙面的长方体上边的中点引垂线，与正脊的透视线相交得出一个交点，画出正脊，如图 5-89 所示。

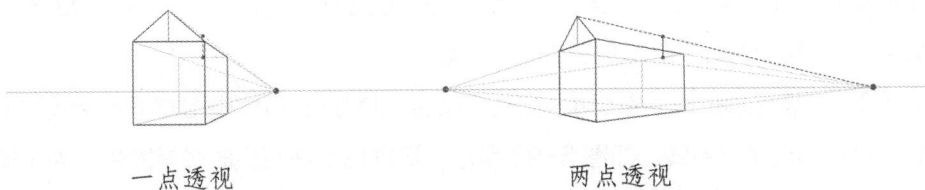

一点透视　　　　　　　　　两点透视

图 5-89　根据透视画出正脊

（5）连接新得出的交点画出坡屋顶的另一条斜边，如图 5-90 所示。

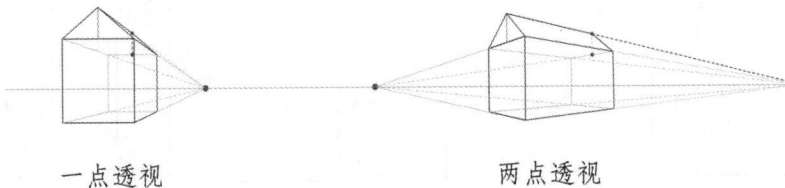

一点透视　　　　　　　　　两点透视

图 5-90　画出坡屋顶的另一条斜边

用这种方法能较为准确地画出坡屋顶的斜边。但是在写生时不可能如此准确地去画每一个建筑，要靠眼力与感觉。我们必须从结构与透视原理了解坡屋顶每个元素的本质，并且知道相互平行的坡屋顶斜边是共用一个消失点的，朝向观察者这一侧的坡屋顶斜边形成的消失点不在视平线上。

3. 坡屋顶的坡度与视觉巧合

在写生时，绘图者有时能看见屋顶斜面，有时又看不见，这有可能是视角的原因，当然也有可能是坡屋顶的坡度造成的。下面举一个例子来说明坡屋顶的坡度与能否看见屋顶斜面的关系。

假设在一点透视视角下，视点不变，只变动坡度，则会出现以下 3 种情况。

（1）当坡屋顶不高且屋顶的坡度较缓，坡屋顶形成的斜线相对于水平线的斜度不如屋檐相对于水平线的斜度大时，绘图者就看不见屋顶的斜面了，如图 5-91 所示。

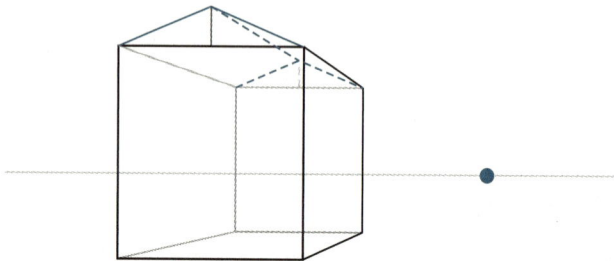

图 5-91 坡度较缓的屋顶

（2）当坡屋顶很高且屋顶的坡度很陡，坡屋顶形成的斜线相对于水平线的斜度大于屋檐相对于水平线的斜度时，绘图者就能看见屋顶的斜面，如图 5-92 所示。这种坡度十分陡峭的屋顶常出现在欧洲的古建筑中。

（3）当坡屋顶形成的斜线相对于水平线的斜度正好与屋檐相对于水平线的斜度一致时，它们形成了一条线，如图 5-93 所示。这种情况在写生时经常发生，为了避免这种情况，绘图者应选择合适的角度和站位，或者在绘制的过程中对坡度进行轻微的调整。

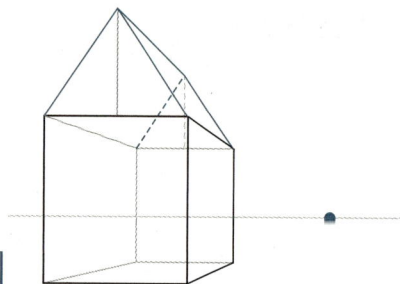

图 5-92 坡度较陡的屋顶

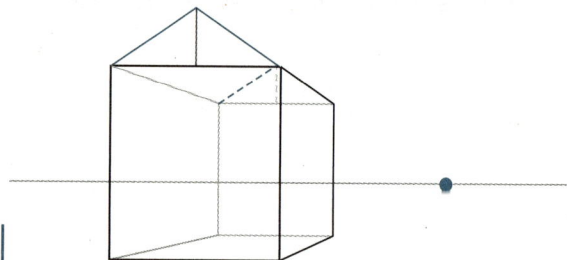

图 5-93 坡度斜线与建筑透视线一致的屋顶

4. 悬山顶的画法

（1）在坡屋顶基本画法的基础上，从坡屋顶下方延伸出屋檐，如图 5-94 中的蓝色线所示。

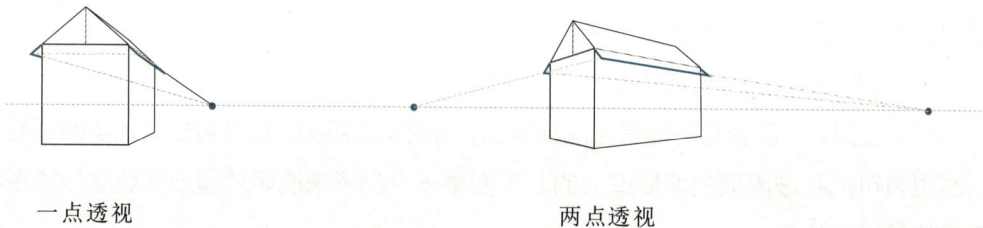

一点透视

两点透视

图 5-94 延伸出屋檐

（2）在山墙的顶点、屋顶坡面的下端延伸出山墙面的屋檐，如图 5-95 中的蓝色线所示。

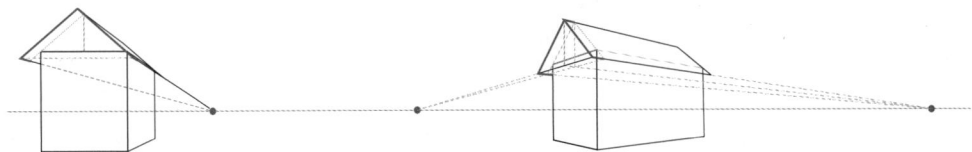

一点透视　　　　　　　　　　　　两点透视

图 5-95 延伸出山墙面屋檐

5. 歇山顶的画法

由于歇山顶较为复杂，为了便于观察和理解，这里只用两点透视视角进行讲解。

（1）画好悬山顶后，在正脊上找到两个点，这是歇山顶山花的顶点，具体位置根据写生对象确定。然后，向下引出高并交于坡屋顶三棱柱底面的中线。根据交点画出山花面三角形的底边，最后连接坡面的线画出山花面，如图 5-96 所示。

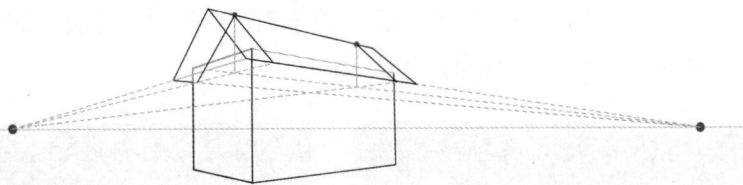

图 5-96 画出山花面

（2）在山花面的斜边上切出山花的底边，如图 5-97 所示。由于不同朝代、不同建筑的山花面大小、屋顶斜面坡度各有不同，因此在写生时需要根据实际山花面的比例、大小、位置来决定山花底边距顶点的距离。

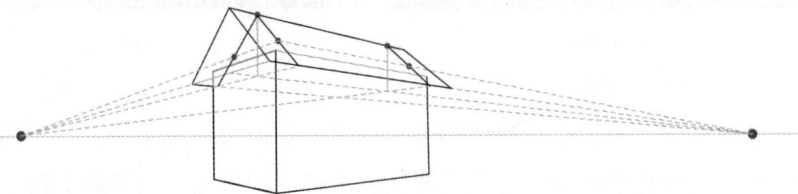

图 5-97 切出山花底边

（3）连接山花底边的端点与坡屋顶两侧的端点，擦掉不需要的线，画出山面撇头，如图 5-98 所示。

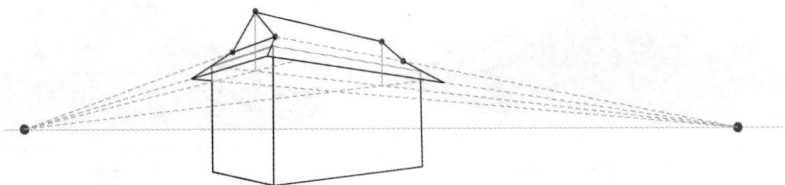

图 5-98 画出山面撇头

绪论

一点透视

线的表现

画面布局

常见物体的画法

两点透视、圆的透视及三点透视

综合案例分析及例图

三、屋面的透视原理与画法

1. 瓦的透视

前文提到过，两面坡屋顶上相互平行的斜边会共用一个消失点，瓦的铺设方式也多是平行于这两条线的，因此，它们也消失于同一个消失点，如图5-99所示。

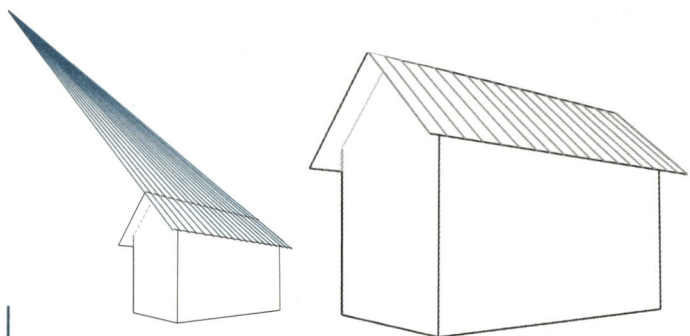

图 5-99 瓦的透视线

我们在写生时，不能在纸外精确地找出一个消失点来画出瓦的透视，但需要锻炼自己的感觉，要能将这些瓦的透视线画出逐渐倾斜并且能消失到所属消失点的趋势。

2. 瓦的画法

瓦的品种很多，这里主要讲的是筒瓦和小青瓦的画法。筒瓦常用于等级较高的中国古建筑上，如图5-100（a）所示；小青瓦常见于南方民间建筑屋顶，如图5-100（b）所示。北方的板瓦与小青瓦形状类似，只是更大、更厚。

（a）筒瓦

（b）小青瓦

图 5-100 筒瓦与小青瓦

我们在画屋顶时，要留心观察瓦的排布规律，切不可凭空想象。一般情况下，瓦排列出的排水沟会垂直于屋檐，尤其需要注意庑殿顶和歇山顶的垂脊会形成三角形的屋顶区域，如图5-101所示，这里的瓦依旧是垂直于屋檐的。

庑殿顶式

歇山顶式

图 5-101 庑殿顶与歇山顶瓦的排布示意图

（1）小青瓦的画法

画小青瓦时，绘图者要把瓦的厚度、弧度与压叠关系表现出来，如图5-102（a）所示；形成排水沟的阳瓦在近景时可以看到少许，其宽度不能超过阴瓦，如图5-102（b）所示；因为阳瓦在远景时几乎看不见，所以可以不画，但仍需留白以示它的存在，如图5-102（c）所示。绘图者不应将每片瓦画得太整齐，需要有一些疏密变化，因为这些瓦多为手工搭建，在间距与整齐程度上自然有偏差，而正是这些偏差的存在会使屋顶显得更生动。

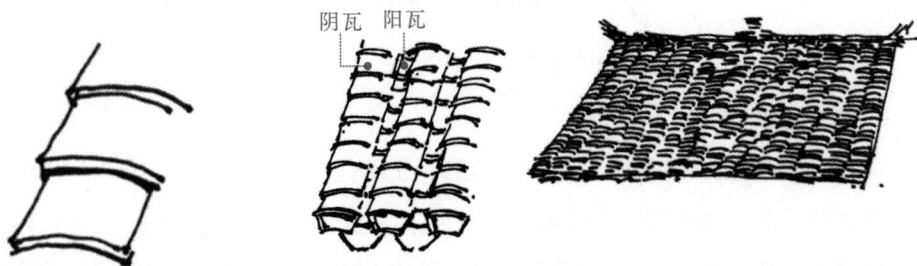

阴瓦 阳瓦

（a）小青瓦的厚度以及压叠关系　　（b）近景的小青瓦　　（c）远景的小青瓦

图5-102 小青瓦的画法示范

有关小青瓦的常见错误画法如图5-103所示。

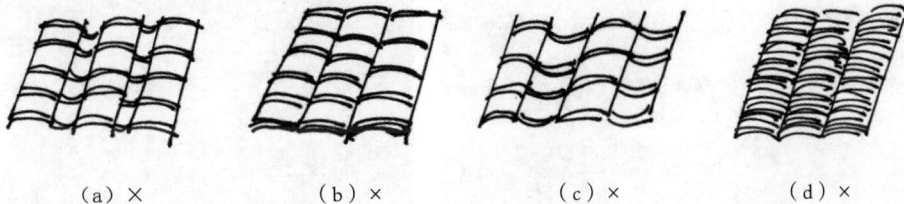

（a）×　　　（b）×　　　（c）×　　　（d）×

图5-103 小青瓦的错误画法

①图5-103（a）中，用一条线勾出瓦的边缘，不利于表现瓦之间层层叠加的感觉。

②图5-103（b）中，近距离理应能看见一些阳瓦，而这里没有画出阳瓦。

③图5-103（c）中，阴瓦与阳瓦的宽度一致，这是不合理的。

④图5-103（d）中，在近处应能较为清楚地看到每片阴瓦，不能像画远处的瓦一样用排线的方式概括表现。

（2）筒瓦的画法

筒瓦与小青瓦的铺装方式不同：筒瓦的阴瓦不像小青瓦排列得那么密，其内部由泥灰粘连。因此，绘图者绘制的筒瓦应整齐，在整齐的基础上，还需要对瓦进行强调或概括处理。由于筒瓦遮盖面积变小，所以阳瓦露出的部分较多，在画近景的筒瓦屋面时，也要画出阳瓦的厚度，如图5-104所示。与筒瓦密不可分的瓦件还有瓦当和滴水，在画之前应当先认清它们的结构关系。

图5-104 筒瓦的画法示范

3. 瓦当与滴水

有句古话是"出头的椽子先烂"。这里的椽子就是指椽条。先不谈这句话的寓意何在，就建筑本身而言，由于椽子等屋檐下的木结构暴露在外，常受雨水、风沙侵蚀，很容易损坏，因此，古人为了保护屋檐下的椽头等木结构便设计了瓦当和滴水，如图5-105所示。除了防止雨水侵蚀以外，瓦当和滴水还具有装饰作用，因此，在它们上面往往有吉祥图案的浮雕，而我们应在画瓦当与滴水时适当地将浮雕表现出来。

（a）筒瓦瓦当和滴水

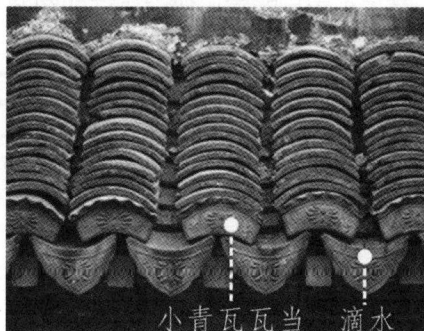

（b）小青瓦瓦当和滴水

图5-105 瓦当和滴水

4. 场景中瓦的处理手法

在画古建筑场景时，绘图者可以根据实物和画面之间的疏密关系来决定将瓦表达成哪种形式：留白，画一部分，还是全画。

（1）当将瓦周围的景物或建筑以留白的形式处理时，绘图者可以将瓦全部画出，如图5-106所示。

图5-106 瓦的处理方法（1）

（2)当屋顶处于画面边缘时，绘图者可采用逐渐消隐的方式来表现瓦，如图5-107所示。

（3）当建筑物位于远处或周围已经有较为浓密的线条时，绘图者可将屋顶的瓦省略、留白，如图5-108所示。

图5-107 瓦的处理方法（2）

图5-108 瓦的处理方法（3）

5. 草屋顶

草屋顶是一种原始、天然的屋顶形式。一般用作屋顶的草可就地取材、种类不一。古时常用茅草，所以诗文中常有茅草屋、茅庐等。在热带地区用草做屋顶更加常见，材料多采用棕榈植物的叶子和棕丝。

草屋顶画法示范

在画草屋顶时，绘图者需要注意把草表现得生动些，如线的疏密、长短、方向都要有变化。绘图者应把握好草屋顶的明暗关系，切勿在亮部画太多线，如图5-109所示。

由于篇幅有限，本节主要介绍了基本的坡屋顶画法以及中国传统建筑中常见的两种瓦的画法。在今后的写生中，绘图者会遇到不同的屋顶样式，如我国少数民族传统建筑的坡屋顶、东南亚建筑的坡屋顶、西方传统建筑的坡屋顶等。这些坡屋顶的画法、

图5-109 草屋顶画法示范

原理都可以在本节讲到的坡屋顶基本画法的基础上举一反三。只有仔细观察写生对象的屋顶特征、瓦的造型及排列特征，绘图者才能画出合情合理的建筑速写。

【练习】

1. 观察当地传统民居的屋面（屋顶）形式，尽可能详细地用"图形笔记"的方式记录屋顶结构与瓦的关系，标出尺寸，并写下记录地点。图形笔记参考图如图 5-110 所示。

2. 写生或临摹带有坡屋顶和瓦的场景。

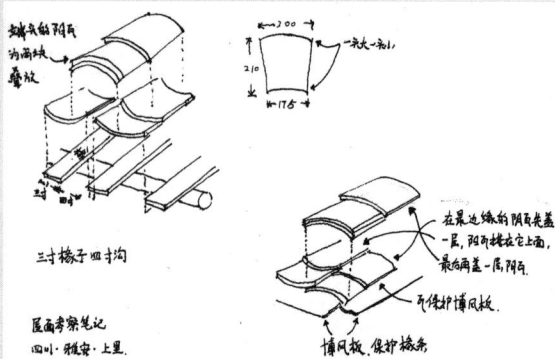

图 5-110 图形笔记参考图

第五节　道路与地面

道路与地面既是最容易暴露绘画水平又是最容易被忽视的部分。

地面画起来其实并不难，但初学者往往将建筑物和有体积、有造型的物体作为练习重点，而对地面的关注度却不够。在起稿时，部分初学者没有将地面考虑进画面布局，更没有仔细研究及观察地面的透视与画法，而是在画完建筑物后随便几笔画出地面。

在图 5-111 中，远处的地面出现了扭曲，影响了整个画面的视觉合理性。

是什么原因使地面看起来产生了扭曲呢？具体原因如下。

（1）道路转弯的边缘线有超越视平线的趋势，使道路看起来处于上坡。

（2）道路上的砖石透视关系混乱。

这一节将介绍道路的透视关系以及画法。

图 5-111 错误的地面

一、道路铺装分类及透视原理

1. 道路铺装分类

常见的道路铺装形式大致可分为 3 种，分别是大片的砖石铺装，小块的、不规整的砖石铺装，砾石铺装，如图 5-112 所示。

（a）大片的砖石铺装　　（b）小块的、不规整的砖石铺装　　（c）砾石铺装

图 5-112 常见的道路铺装分类

2. 道路铺装的透视原理

在画大块的方形地砖时，我们应注意砖石铺贴的方向：与道路或建筑物方向一致的称为"正拼"；与道路或建筑物形成一定角度的称为"斜拼"。

在地面是水平的情况下，正拼的地砖与建筑物或道路共用一个消失点，如图 5-113 所示；斜拼地砖的透视线拥有一个独立的消失点，如图 5-114（b）中的蓝色线为地砖透视线，黑色线为建筑物透视线。需要注意的是，斜拼地砖的消失点与建筑物的消失点虽不共用，但都应位于同一条视平线上。

（a）正拼地面场景

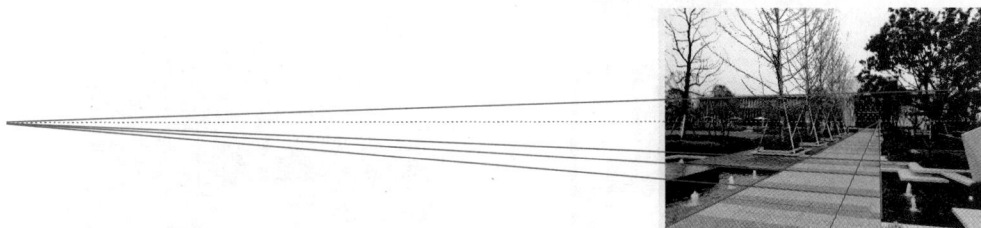

（b）正拼地面场景透视分析

图 5-113 正拼地面

（a）斜拼地面场景

图5-114 所示的地面，虽略显生硬但透视关系是正确的。根据正确透视关系画出的地面能非常自然地跟随建筑物或路面的趋势，与周围环境融为一体。

图5-114 斜拼地面

（b）斜拼地面场景透视分析

在一点透视场景中，绘图者一定要牢记：在正拼的地面上，无论纵向线如何弯曲，横向线都是水平的，就算有点斜度，其角度也是可以忽略不计的。

二、地面的画法与处理技巧

在画建筑速写时，不仅要求物体符合空间逻辑，如之前讲到地面铺装的透视关系，还要从整个画面来考虑地面的处理方式。

图5-116 所示的场景与图5-115 为同一条街，但在这幅画中并没有画出地面的石板，而是对道路进行留白。这样处理的原因在于画面中已经对街道两旁的建筑进行了较为细致的描绘，如果再将地面石板画出来，则势必会减弱画面的疏密对比、黑白对比，从而使画面失去视觉中心。

因此，我们在写生时，应当从整体画面效果来考虑地面的处理方法：有时需要留白，有时需要表现出全部地面，有时只需要表现出局部地面。那么，接下来就要讲到一些具有代表性的地面表现方法。

图5-115 透视关系正确的地面
（作者：唐玉兰）

图5-116 古镇街道钢笔速写

1. 石板路

首先，观察石板路的铺贴方式。石板路并非单纯的平铺，而是将石板在道路两侧纵向排列成带状，中间再采用横向铺装，形成主要行走的区域，如图 5-117 所示。

其次，传统的石板并不是机器加工制作而成的，有自然的厚薄差异，所以形成了石板之间接缝处的高低之别。因此，对于近处的石板，绘图者可以画出一些石板的厚度，这样能使地面显得更生动。

最后，在表现地面时，绘图者没必要画出每块石板，要有所取舍。例如，远处的石板就可以画得概括，光照较强的位置也可以画得概括，如图 5-118 所示。

总而言之，地面本身也需要表现出疏密与虚实。

图 5-117 古镇中的石板路

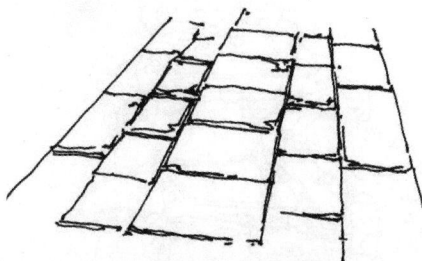

（a）适当表现出石板的厚度与纹理（√）

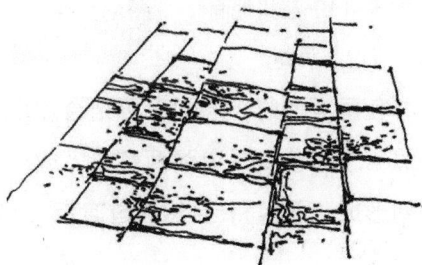

（b）切忌每块石板都表现出纹理（×）

图 5-118 石板路的表现

2. 小块的碎拼地面

这类地面由于铺贴材料数量多、形态重复或雷同，所以在表现时，绘图者更应当注意其基本透视关系、形态变化、疏密及虚实，以表现出压叠关系、前后关系，如图

绪论　一点透视　线的表现　画面布局　常见物体的画法　两点透视、圆的透视及三点透视　综合案例分析及例图

5-119 所示，这有助于提升画面的空间感与真实感。

3. 沥青路面、泥地

这一类地面的共同特性是组成单元更加细小。通常情况下，我们会尽量寻找或创造出一些细节和变化来表现它们。在不能留白的情况下，可以寻找地面的落叶、建筑物、树木的投影来表现地面的形态。

（1）沥青路面

图 5-120 所示是用汽车等物体的投影及符合透视方向的线表现出的沥青地面。

图 5-119 碎拼地面

图 5-120 沥青路面

（2）泥地

在画泥地时，绘图者可结合泥地及物体的投影，表现出泥地的凹凸不平感。泥地的另一个特色就是道路两旁或多或少都会生长一些植物，而这些植物能使地面与墙面之间形成一条柔和、自然的过渡带，因此在表现泥地时切不可忽略这些植物，如图 5-121 所示。

图 5-121 泥地

第六节　人物

前文已经讲过如何在透视场景中找出人的正确高度。本节则具体谈一谈人物的表现方法。

一、画得具象还是概括

首先我们必须意识到，在一个场景中人物的具象程度是与人物所处的位置有关的，如图 5-122 所示，近景拍照的男子背影最为具象，中景的人物有所简化但仍保留一些结构线，远景的人群则使用了剪影式的概括手法。但概括并不等于"糊弄"，仔细观察也能看出那些人是具有动态的，并且人与人之间存在着疏密、前后关系。还需要注意的是，由于这是一幅主要表现建筑的速写，因此近景的人物虽具象但其细节程度不应超越主体建筑，否则容易"抢戏"。

图 5-122 场景中的人物

图 5-123 中景中的人物

当人物处于中景时，我们可以根据人物周围环境的细致程度来决定人物的具象程度。图5-123中，画中人物处于视觉中心的亭子中，因此画出了人物的发型、衣褶等细节。

二、画人的技巧

当然，要将人画得具象、生动，绘图者还需要具备较强的人物速写功底，需要系统学习、长期练习。但对于初学建筑速写的绘图者而言，熟练掌握几种常用的人物画法就能画出大多数场景中的远景人物。

（1）实用的人物绘画技巧如下。

把握好人的头、身、关节比例。图5-124所示是一个 8 头身的模特，虽然我们在生活中很少会遇到身材如此标准的人，但除了头身比例有所差异外，图中模特各关节的比例均适用于任何体型的成人。

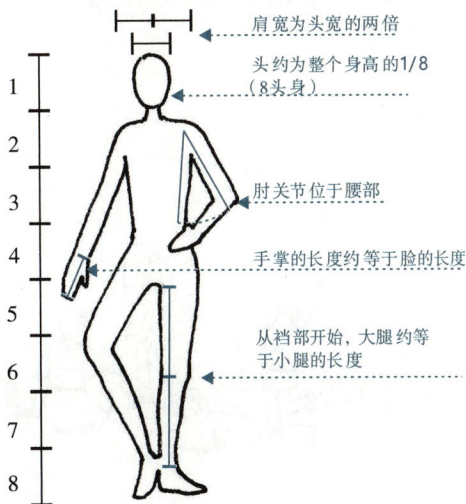

图 5-124 人体的比例

（2）学会几种常用的人物画法即可，如图 5-125 所示。

在画人时还有以下小技巧。

①夏季服装更容易画。

② 3/4 侧面更生动。

③小朋友们无时无刻不活力十足，画一些小孩子能增添欢乐的场景氛围。

④赋予情节，使人物产生动态，场景、人物之间产生互动能使画面更有趣。

较具象的人物的基本形态
——适用于近景和中景

较具象的带小孩的人物
——适用于近景和中景

较概括的人物的基本形态
——适用于中景和远景

剪影式概括的人物基本形态
——适用于远景

较概括的扶栏远望的人物形态
——适用于中景和远景

剪影式概括的坐姿人物形态
——适用于远景

较具象的坐姿人物形态
——适用于近景和中景

图 5-125 常用的人物画法

【建议】

　　绘图者在练习时，首先应临摹图中"较具象的人物的基本形态"和"剪影式概括的人物基本形态"这两组人物。当能熟练画出这些人物时，再继续尝试临摹其他人物形态。

【练习】

　　反复临摹图 5-125 的各种人物，直到熟练掌握为止。

　　通过这一章的学习，绘图者至少知道了常见物体的表现方法。书中能列举的种类实在有限，虽有一些规律与技巧可言，但绘图者对于大千世界里丰富多变的形态还需不断举一反三、融会贯通。要想让速写表现得更加生动，一个漫长的练习与收集的过程是必不可少的。

第五章　思维导图

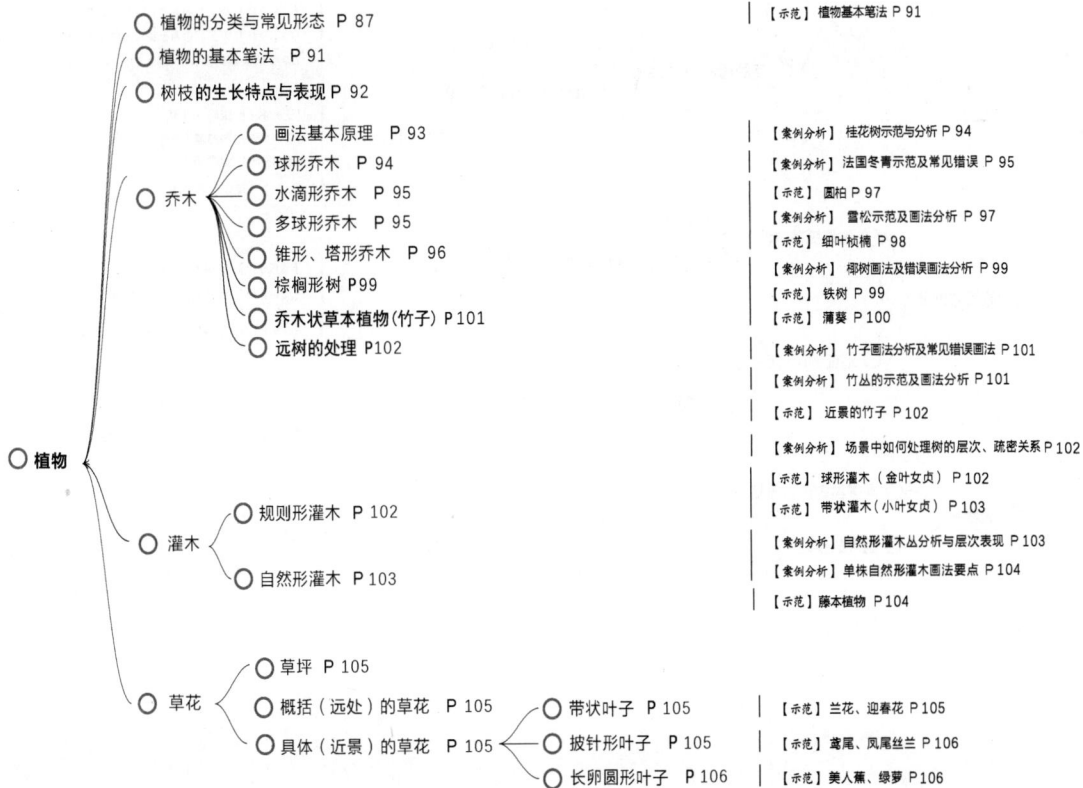

第六章 两点透视、圆的透视及三点透视

本书第二章就已经讲解了一点透视的原理与画法，到本章才讲两点透视是希望留给初学者一些理解、消化的时间。在学习了一点透视的原理与画法后，进行了"线的表现""画面布局""植物、水体等配景的画法"的学习与练习，初学者能在较为简单的一点透视结构中实践空间表达、练习用线表现不同的物体、完善画面关系，能在透视压力最小的情况下完成完整、美观的钢笔建筑速写，能增加成就感与自信。在完成大量的一点透视场景练习后，初学者已经形成基本透视关系的惯性思维，这时再学习两点透视，将会更加容易掌握其基本原理及方法。在以往的教学过程中，常常将两点透视的原理与画法紧接着一点透视来讲解，但初学者往往是一头雾水，甚至丧失了学好透视的信心。原因就在于：刚接触透视时，许多观念和习惯在短时间内很难纠正，而在学完一点透视后，还没在实践中纠正自己的错误习惯，紧接着就要画比一点透视更复杂的两点透视，初学者必然会力不从心、顾此失彼。

画好透视关系的要点如下。

（1）将建筑物分析为几何体。

（2）在已知的面上推、拉体积。

（3）准确地让结构线消失于它的消失点。

如果在接下来的学习中感觉有些迷糊，那么回去再好好复习一下一点透视，并多画一些一点透视的场景。

第一节　两点透视的基本原理

一、两点透视的站位特点

首先回顾一点透视的站位特点，如图6-1（a）所示。

（1）观察者平视前方（不仰视、不俯视）。

（2）人的视线垂直于建筑平面的一条边（a 或 b）。

两点透视的站位特点，如图6-1（b）所示。

（1）观察者平视前方（不仰视、不俯视）。

两点透视的原理

141

（2）人的视线不垂直于建筑平面的任何一条边。也就是说在画面中，建筑物没有一个立面与画面平行。

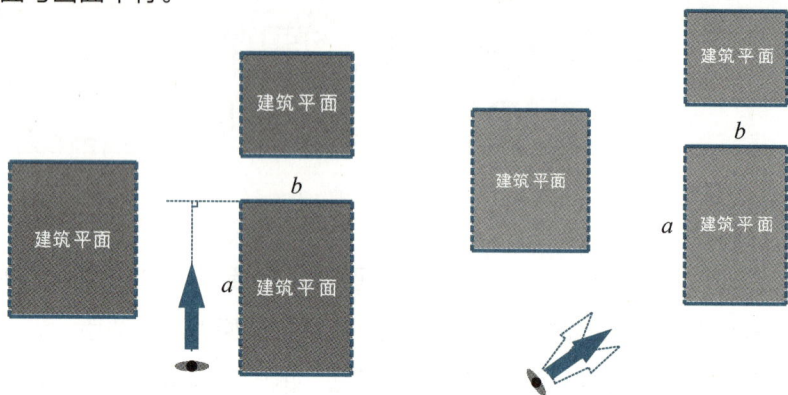

（a）一点透视的站位特点　　　　　　　　　（b）两点透视的站位特点

图 6-1 一点透视与两点透视的站位特点

相对于一点透视，两点透视的站位与视角的灵活性更大。而在取景时，因站位点不同、视线方向不同，形成的两点透视画面也是千差万别的。所以，从构图与取景的角度上讲，两点透视的画面的选择更多。在实际写生时，绘图者可以多选择站位点，以寻求满意的构图关系。

二、两点透视中各要素的特征

回顾一点透视中 3 个方向线的特征，具体如下。

（1）纵向线消失于消失点。

（2）横向线水平。

（3）高垂直。

两点透视中的长方体建筑物也有 3 个方向的线，但在两点透视中，我们将一点透视中的纵向线和横向线统称为透视线，其原理与一点透视相同。一点透视中的纵向线在画面中有一个消失点，而横向线是水平的，因此，我们也可以认为横向线的消失点位于视平线上无穷远处。当横向线不再水平时，长方体中平行于地平面的线就会在视平线上形成左、右两个消失点，如图 6-2 所示。

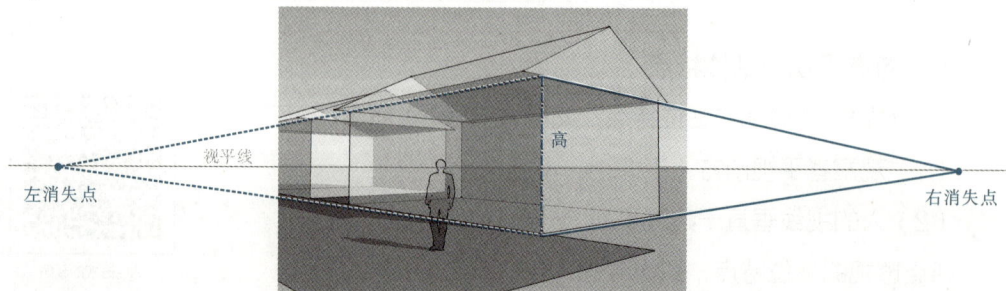

图 6-2 两点透视

两点透视 3 个方向线的特征如下。

（1）两个方向的透视线消失于各自的消失点，且消失点都位于视平线上。

（2）高垂直于视平线。

画两点透视常犯的错误如图 6-3 所示。

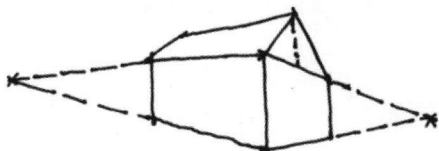

（a）两点透视的常见错误 1

虽然两个方向的线都消失于各自的消失点，但这两个消失点并不在同一条视平线上，因此是错误的

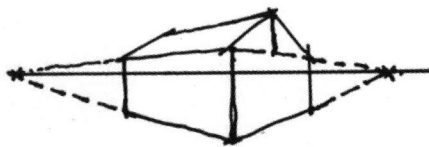

（b）两点透视的常见错误 2

这张图的透视关系虽然是正确的，但不是正常的人视高度。当我们站在地面写生时，视平线往往位于建筑物（一层）墙体 1/2 处附近，若视平线太高，则画面不能给人一种身临其境的感觉，且会使建筑物显得矮小

图 6-3 画两点透视常犯的错误

第二节　两点透视的画法

一、分析建筑

1. 建筑结构分析

我们将要画的场景如图 6-4 所示，画面中的建筑物结构较为复杂，并且有一些欧式柱体和栏杆。

图 6-4 建筑场景

面对这样看似繁复的建筑物，我们应当将其主体概括为几何体，并分析出它们之

间的结构关系。因此，在开始画之前，我们需分析构成这栋建筑的几何体及它们之间的组合关系，如图 6-5 所示。

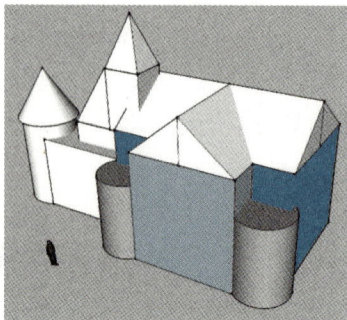

图 6-5 几何图形与组合关系

首先，确定建筑的主体。这对于定出第一条标准高非常重要。这栋建筑的主体为图 6-5 中的蓝色长方体，从蓝色长方体上延伸出一个浅蓝色的长方体，形成该建筑的门廊。两个长方体方向一致，因此将共用一个消失点。

门廊的两侧有圆形阳台嵌入，我们应当将一楼、二楼的阳台看作一个圆柱体，如图 6-5 中的灰色圆柱体。

其次，建筑物的副楼为图 6-6 中的圆点纹部分，包含一个由主体建筑延伸出的长方体、一楼的走廊，以及长方体塔楼和圆柱体独立塔楼。通过观察发现，副楼部分的建筑也没有产生歪斜，因此可与主体建筑共用一个消失点。

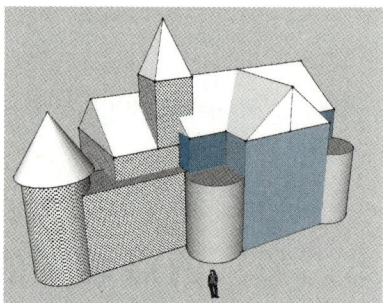

图 6-6 建筑物的副楼

【注意】

在画纸上构建结构时，不要太在意细节，如门廊上的爱奥尼柱、墙上的门窗、坡屋顶是否有挑檐等。

2. 场景分析

相关分析如图 6-7 所示。

图 6-7 场景分析

（1）这个场景中的主体建筑为两点透视视角，视平线位于一楼阳台栏杆处，在图 6-7 中以白色虚线标示。

> **【回顾】如何寻找视平线**
>
> 当我们面对现实场景时，寻找视平线的方法是：将铅笔水平放置在眼睛的正前方，铅笔挡住的位置为视平线的位置。
>
> 当我们面对照片时，可以从主体建筑上延长两条同方向的透视线，用形成的交点做水平线，这就是视平线。
>
> 还有一种更快速、更直接但可能不太准确的方法：无论是面对现实场景还是照片，观察两点透视建筑物上的透视线，当透视线呈水平状态时，这个位置就是视平线所在。

（2）这个场景可分析出 3 个层次：近景为右上角的树叶，中景为主体建筑物，远景为远处的树。

（3）确定主体建筑中的标准高（如图 6-7 中的蓝色虚线）。观察这条高，会发现其被视平线分割后的上下比例及在画面中的左右位置。通常情况下，将主体建筑中离写生者最近的高作为标准高会更容易构建主体建筑。

二、绘画步骤
1. 构图

运用第四章"画面布局"介绍的知识，思考是否需要再次裁剪画面，安排建筑物、植物等在画面中的位置，构思物体的取舍。在画纸的边角处画一幅小构图，如图 6-8 所示。

图 6-8 小构图

2. 在纸上定出视平线和标准高

该场景中，视平线大约位于画面下方 1/4 处，标准高被视平线分割后，下部约占整个高的 1/4，如图 6-9 所示。

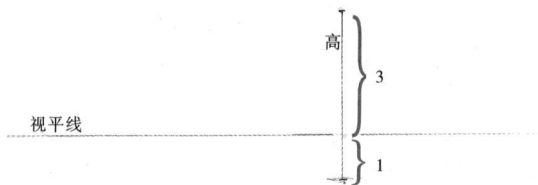

图 6-9 定出视平线和标准高

3. 找到左右消失点并画出建筑主体

首先确定透视线的角度（见图 6-10），找到消失点。再根据消失点画出另一条透视线，然后根据房子不同面的大小画出长方体左右两条高，两点透视的长方体就画好了，如图 6-11（a）所示。

在图 6-11（a）中我们可以看到，标准高左右两条透视线形成的角度相近，两个消失点都在画面外，并且两个消失点离标准高的距离相近。

当然还有另一种情况：如果有一条透视线的角度比同一点引出的另一条透视线的角度大很多，那么角度大的这条透视线的消失点离标准高近，且有可能在画面中；

图 6-10 确定透视线的角度

而另一个消失点就离标准高很远，不可能出现在画面中（除非将建筑物画得特别小或纸张很长）。这个原理在斜一点透视中体现得更明显，如图 6-11（b）所示。

因此，在两点透视视角下，透视线的倾斜度决定了消失点的远近，左右消失点的位置决定了画面中建筑物的角度。

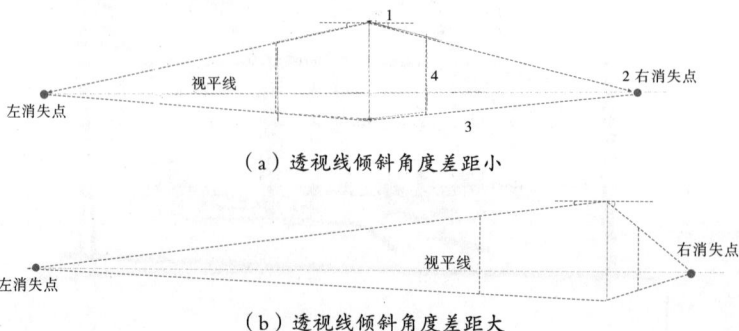

（a）透视线倾斜角度差距小

（b）透视线倾斜角度差距大

图 6-11 画高

4. 构建门廊

构建门廊如图 6-12 所示。

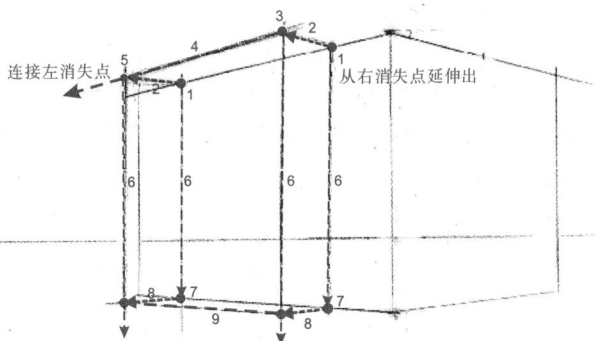

连接左消失点

从右消失点延伸出

图 6-12 构建门廊

在已经画好的主体建筑上找到与门廊相交的两个点（1），根据右消失点反向延伸一段合适的距离（2）；在 2 号线段上确定出门廊的宽度；从 3 号点连接左消失点，与左侧的 2 号线段产生一个交点（5）；从 1、3、5 号点作向下的垂线（6）；从 1号点作出的垂线与主体建筑的底边产生交点（7）；从两个 7 号点分别连接右消失点并反向延伸至门廊外侧的高，形成两个交点；连接两个交点形成线段（9）。这样就从主体建筑上"推"出了一个门廊。

5. 截取二楼的高度

截取二楼高度的效果如图 6-13 所示。

图 6-13 截取二楼高度的效果

两点透视画法示范 2

绪论

一点透视

线的表现

画面布局

常见物体的画法

两点透视、圆的透视及三点透视

综合案例分析及例图

在场景中，由于圆形阳台的遮挡，我们无法直接看到在标准高上的二楼地面的位置，但我们可以很清楚地从门廊正面看到二楼的位置。因此，设离我们最近的门廊总高为h，如图6-13所示，那么我们可以观察到二楼地面的位置位于$1/2 h$的位置。

接前一步骤，取门廊高h的中点（1号点）；连接左消失点画出门廊正面的二楼高度（线段2）；由1号点连接右消失点与门廊内侧的高交于5号点；由5号点反向连接左消失点（线段6）与主楼的标准高交于7号点，再由7号点连接右消失点作一小节线段。截取二楼的高度如图6-14所示。

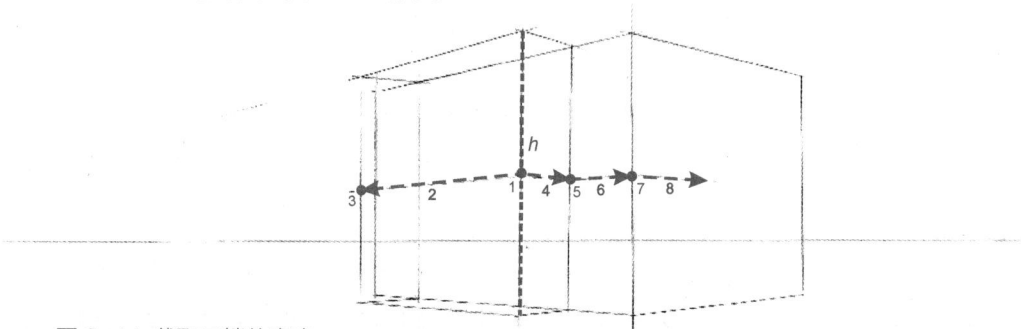

图6-14 截取二楼的高度

在透视中寻找同一高度时，要坚持从一个点推出其他点的原则，切不可同时取多个点，否则会因为误差而导致点与点之间的连线出现透视错误。

6. 画出栏杆的高度

相关照片的标注如图6-15所示。

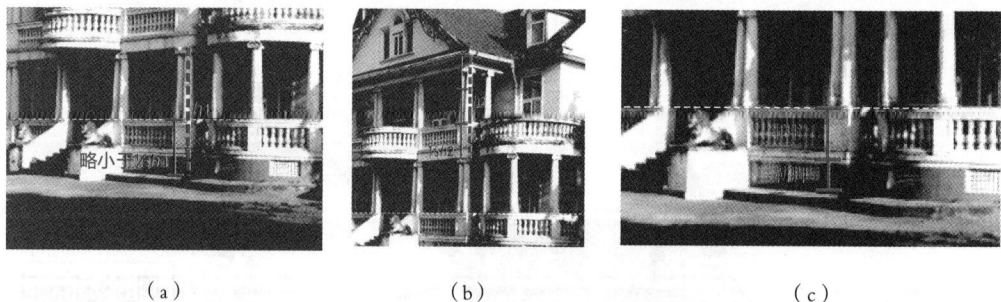

（a）　　　　　　　　（b）　　　　　　　　（c）

图6-15 画出栏杆的高度

首先观察场景中的栏杆与层高的比例关系。设一楼的高度为$h1$，一楼的栏杆在略小于$1/2 h1$处，如图6-15（a）所示；设二楼的高度为$h2$，二楼的栏杆位于$1/3 h2$处，如图6-15（b）所示。

根据观察到的比例画出一、二楼栏杆的位置（1、3号点），从1、3号点连接左消失点画出栏杆（线段2、4），如图6-16所示。观察一楼护栏与勒脚［见图6-15（c）］的比例，确定出护栏的高度，在图6-16中画出5号点，并连接左消失点形成线段6，设1号点到5号点的高度为$h3$。由于两层楼的护栏高度一致，因此从3号点往下取

*h*4，使 *h*4 的长度等于 *h*3，得到 7 号点，再由 7 号点连接左消失点形成二楼护栏高度。

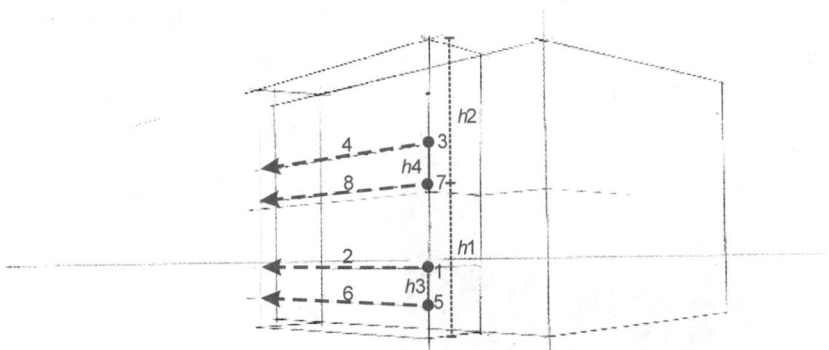

图 6-16 标出栏杆高度

7. 画出阳台

前文中已经提到，需要将上下两层的圆形阳台看作一个圆柱体来画，如图 6-17

所示。注意观察弧线 *AB*
与弧线 *CD* 的弧度差别：
离视平线越远，弧度越大；
离视平线越近，弧度越小；
在视平线以上的弧线向上
凸，在视平线以下的弧线
向下凹。同时可以观察到
门廊正面有 4 根柱子，这
里将它们等分为 3 份，产
生透视后长度从右到左有些许递减。

图 6-17 把圆形阳台看作圆柱体

首先画出水平线 *AB*、*CD*（*A* 点位于图 6-16 中 3 号点向右引出的水平线上，*C* 点位于过 *K* 点的水平线上），如图 6-18 所示，找到 *AC*、*BD* 两条高的位置，注意它们距已有的高 *JK*、*LM* 的距离。同样画出另一边的圆形阳台的高 *NP*。

在 *GJ* 中取两点 *E*、*F*，将线段 *GJ* 分为 3 份，长度从右到左递减，即 *JF*>*FE*>*EG*，再由 *E*、*F* 点作垂线定出门廊柱的位置。

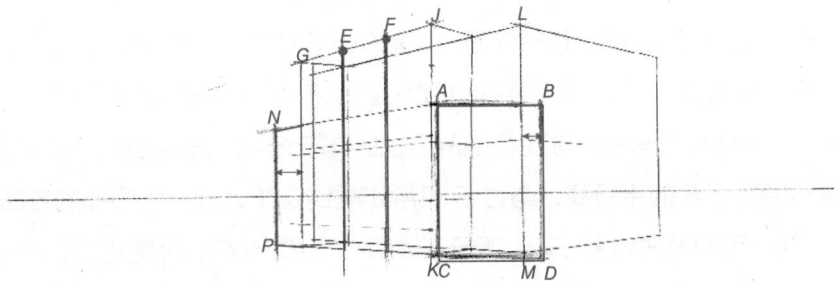

图 6-18 画水平线表示阳台

现在开始画阳台的弧线。首先在已有的 AB 水平线上找到中点 C 并作一条向上的垂线，如图 6-19（b）所示。通过观察图 6-19（a）所示的阳台实景中的 CD 与 AB 的比例关系找出 D 点。以 A、D、B 三点为椭圆的象限点画出一条弧线，如图 6-19 所示。

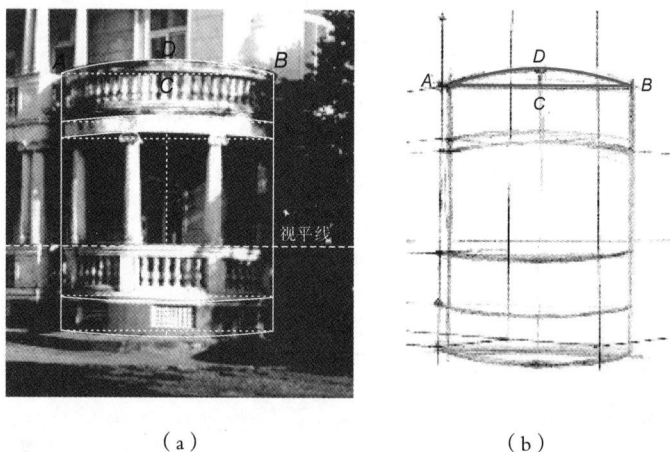

（a） （b）

图 6-19 画阳台的弧线

半圆阳台的画法：两根柱子之间已知线段 AB，找到中点 O 作一条向上的垂线 OC，如图 6-20 所示；估计 OC 的距离，过 O 点向左作水平线段 OD，D 点位于半圆阳台最宽处；根据 A、C、D、B 4 个点画出一个完整的椭圆。

半圆阳台下方的弧线以同样的方法画成，需要注意阳台底部的椭圆中心点依旧位于过 O 点的垂线上，而且弧度更小。最后擦掉椭圆中不需要的线即可。

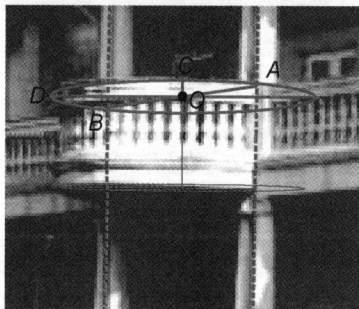

图 6-20 画半圆阳台

8. 画出一楼的台阶

这一步代表了斜面和扶手楼梯的画法。首先从已知的 A、C 两点连接右消失点反向延伸出合适的长度，从 A 点所在的透视线上取 B 点（AB 的距离根据观察估计所得），再从 B 点连接左消失点与过 C 点的透视线交于 D 点，连接 EB、FD 形成斜坡；过已知的 G 点作 EB 的平行线，与过 B 点所作垂线交于 J 点，用同样的方法得到线段 HK。一楼台阶的画法如图 6-21 所示。事实上，JB 与 GE 的高度由于近大远小的透视规律是不相等的，因此用平行线求得 GJ 这一方法仅为 JB、GE 前后差距微弱的情况下的一种便捷画法。

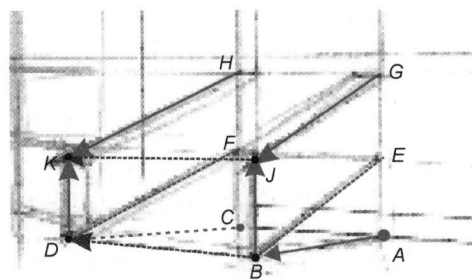

图 6-21 画一楼的台阶

梯步的画法如图 6-22 所示。

首先从 A 点作梯步的高 AC，注意高度在场景中的比例不应大于 200mm。由 C 点连接右消失点与斜线 AB 交于 D 点。C、D 两点连接左消失点并反向延伸，四边形 $CDEF$ 为第一级梯步的顶面，四边形 $ACFG$ 为第一级梯步的立面。用同样的方法可以画出余下的梯步。

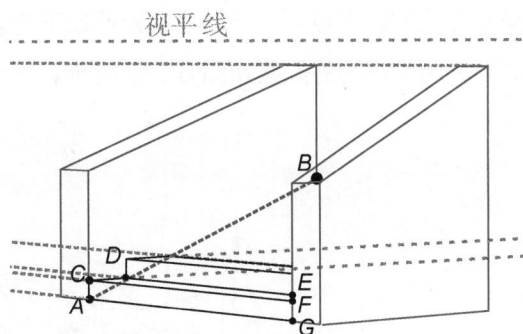

图 6-22 画梯步

9. 画出坡屋顶

坡屋顶画法参见第五章第四节，注意两个相互垂直的坡屋顶发生穿插时的结构关系。坡屋顶的效果图如图 6-23 所示。

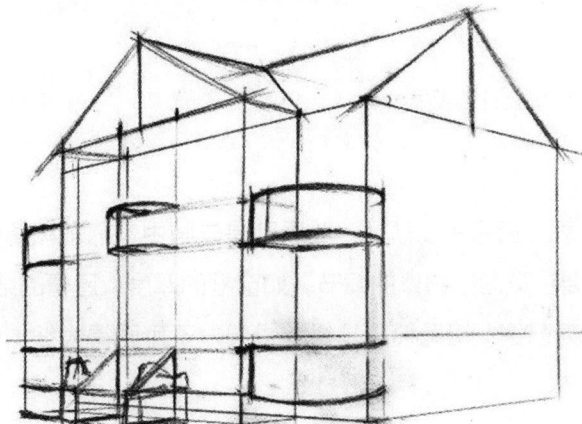

图 6-23 画坡屋顶

绪论

一点透视

线的表现

画面布局

常见物体的画法

两点透视、圆的透视及三点透视

综合案例分析及例图

10. 画出建筑物副楼、塔楼和窗

建筑物副楼、塔楼、窗的效果图如图 6-24 所示。

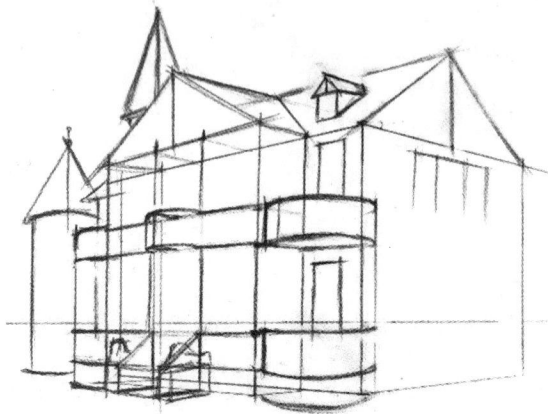

两点透视画法示范 3

图 6-24 画副楼、塔楼和窗

11. 细化建筑并画出建筑物周围的配景

要注意调整画面关系，不要只一味地将实景照搬下来。画面调整技巧参见第四章。细化并画出建筑物周围配景后的效果如图 6-25 所示。

图 6-25 细化并画配景

12. 钢笔线稿

在已有的铅笔稿上画钢笔线稿，一般原则是先画中景靠前和高处的部分。绘图者在画钢笔线稿时，要注意画出物体的细节，如窗框的厚度、屋檐的结构等，如图 6-26 所示。绘图者应时刻记住：铅笔稿只是搭出骨架，不可画得太细，钢笔线稿应在铅笔稿的基础上画出细节。

图 6-26 画细节

在画阳台和柱子时要耐心，注意根据柱子的光影变化安排用笔的力度、线条的粗细、疏密与留白，如图 6-27 所示。

图 6-27 细心画阳台和柱子

阳台和柱子完成后的效果如图 6-28 所示。

图 6-28 完成阳台和柱子

153

在处理门廊内的墙体时绘图者不能偷懒，要画出门、窗等的细节，再用平行线画出阴影。这样营造出的暗部才会有细节、透气，如图6-29所示。

图6-29 画出门、窗等的细节

虽然建筑物旁的树在实景中颜色较深，但由于画面中建筑物正面已经表现了许多细节，显得较暗，因此减弱树的细节及颜色有助于画面视觉中心停留在建筑物上，如图6-30所示。

图6-30 减弱树的细节及颜色

远景的物体和树要画得概括，近处的草地应注意疏密变化，并渐渐往画面边缘消隐，如图6-31所示。

图6-31 远近景物处理

画出右上角的前景树叶，注意叶子姿态的变化，如图6-32所示。

图6-32 画出前景树叶

轻轻擦掉铅笔稿并进一步细化，最终效果如图6-33所示。

图6-33 最终效果

【练习】

1. 跟着本节的讲解步骤画出图6-7的场景。

2. 对两点透视场景进行写生，写生时一边画一边回顾本节所做示范，将理论应用到实践中。

第三节 圆的透视

在学习圆的透视之前，我们先来学习如何画圆。画圆不易，但画方简单。在不借助圆规的情况下，画圆时可先画出与圆外切的正方形。

圆与正方形的对角线以及四边有 8 个交点，如图 6-34 所示。4 个蓝色点是正方形 4 条边的中点，黑色点位于两条对角线上。我们可以用弧线连接这 8 个点形成圆，这就是 8 点求圆法。找到对角线上的黑色点是 8 点求圆法的关键。

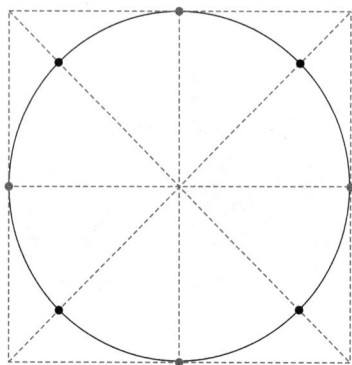

图 6-34 圆与正方形的交点

一、8 点求圆法步骤

（1）首先画一个米字正方形，如图 6-35（a）所示。

（2）连接相邻的两个蓝色点 A、C，线段 AC 与对角线 BF 形成交点 J，如图 6-35（b）中的线段 1 所示。

（3）连接 J、E 两点并延长，与线段 HB 形成交点 K，如图 6-35（b）中的线段 2 所示。

（4）连接 K、D 两点，与线段 BF 形成交点 L，如图 6-35（b）中的线段 3 所示。L 就是我们要找的其中一个黑色点。

（5）过 L 点作平行于 HB、BD 的线段，与对角线 HD 形成两个交点 M、N。再过 M 点作 HF 的平行线，与对角线 BF 形成交点 O。L、M、O、N 就是我们要找的 4 个黑色点，如图 6-35（c）所示。

（6）最后用光滑的弧线依次连接黑色、蓝色 8 个点（A、M、G、O、E、N、C、L）形成圆形，如图 6-35（d）所示。

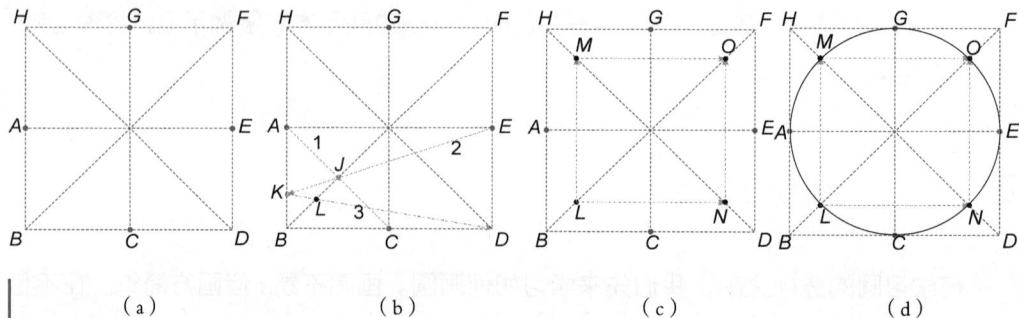

| （a） | （b） | （c） | （d） |

图 6-35 画圆（1）

二、用 8 点求圆法画圆的透视

在透视场景中画圆，也是以正方形为依托，再根据 8 点求圆法画出圆的透视。步骤如下。

（1）根据场景中的视平线与消失点画出一个有透视关系的正方形，即透视正方形。这个正方形的高宽比根据实际情况测量得出，如图 6-36（a）所示。

（2）画出透视正方形的对角线，如图 6-36（b）所示。

（3）根据两条对角线的交点画出透视正方形中的十字线，以找到 4 条边的中点，如图 6-36（c）所示。

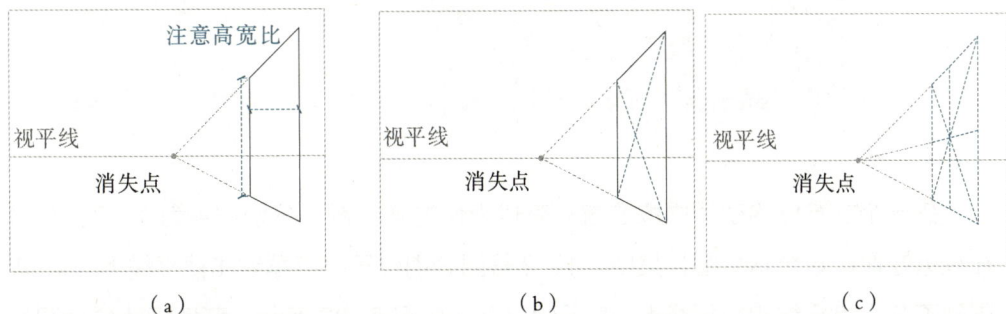

注意高宽比

视平线　消失点

（a）　　　　　（b）　　　　　（c）

图 6-36 找出正方形 4 条边的中点

（4）用 8 点求圆法找到一个对角线上的黑色点，如图 6-37（a）所示。

（5）根据已知黑色点找出其他 3 个黑色点，如图 6-37（b）所示。

（6）用光滑弧线连接 8 个点形成透视圆，如图 6-37（c）所示。

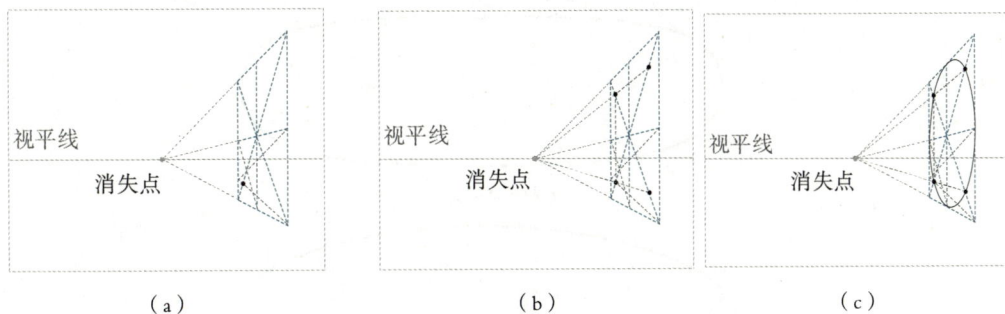

视平线　消失点

（a）　　　　　（b）　　　　　（c）

图 6-37 画出透视圆

在这里详细讲解 8 点求圆法是为了说明透视圆的成形方法。实际绘画时，绘图者很难会用这么烦琐的步骤确定每一个圆的透视，而是时常在不找出 4 个黑色点的情况下，根据已知的蓝点，凭借经验在正方形中画出透视圆。但需要注意的是，一般情况下，产生透视的圆看似是一个椭圆，实则已产生了一定程度的扭曲。只有那些圆心存在于视平线、视觉中心点（简称心点）垂线上的透视圆才是椭圆；反之，离这两条线越远，透视圆扭曲度越大，如图 6-38 所示。

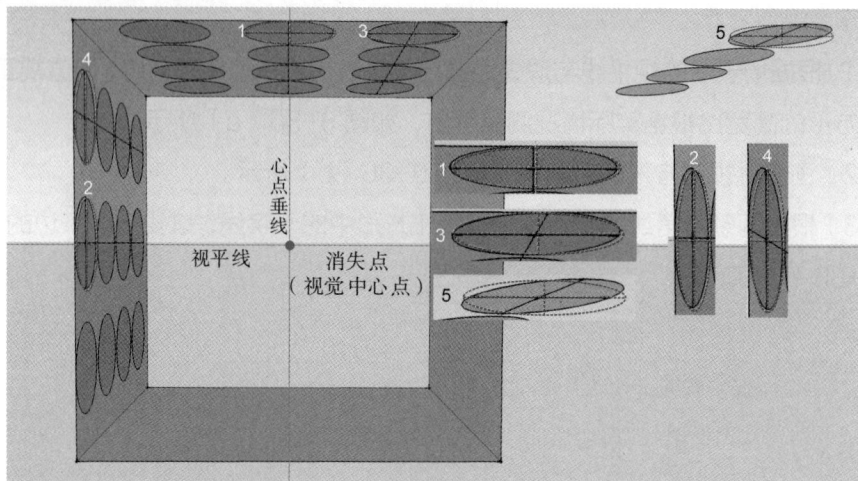

图 6-38 透视图

在一个立方体的空间中取位置较有代表性的 4 个圆，分别编号为 1、2、3、4，在较远处取第 5 个水平圆，其中，1、2 号圆分别位于心点垂线和视平线上，3、4 号圆则不在心点垂线和视平线上，5 号圆最远，如图 6-38 所示。蓝色虚线的椭圆作为透视圆扭曲度的参考。根据图右侧 5 个透视圆的放大图可以观察到：1、2 号透视圆为椭圆，未变形；3、4 号透视圆发生了轻微变形；离得最远的 5 号透视圆扭曲度最大。因此，我们在凭借经验画圆时，靠近心点垂线和视平线的透视圆可以画成椭圆，而远离心点垂线和视平线的圆则需根据其外切正方形画出圆的形变。

对于透视圆，初学者需要多加练习，并注意避免出现以下两种情况，如图 6-39 所示。

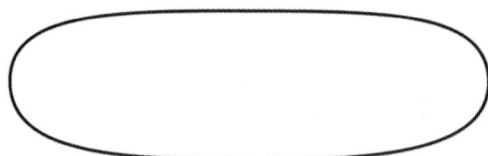

（a）两头太方，像跑道

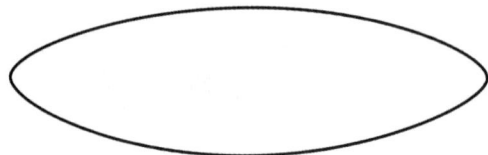

（b）两头太尖，像橄榄

图 6-39 错误画法

三、案例示范

根据透视圆的基本画法，我们来画一个含有透视圆的场景。

158

建筑速写轻松学（微课版 第 2 版）

1. 圆形水池

假如我们要画一个圆形水池，如图 6-40 所示，其存在于两点透视的建筑环境中。那么这个类似扁圆柱体的水池该如何画呢？

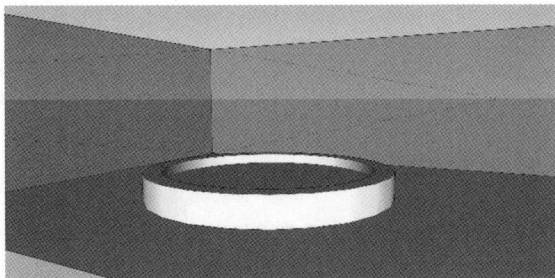

图 6-40 圆形水池

首先遵循从已知面起形的原则，在地面画出水池底部的圆。这时要思考用于辅助画圆的透视正方形用什么透视来画。通常情况下，绘图者会直接依据跟随墙体的两点透视来画，而实际上用一点透视的正方形画出的圆也是一样的，如图 6-41 所示。

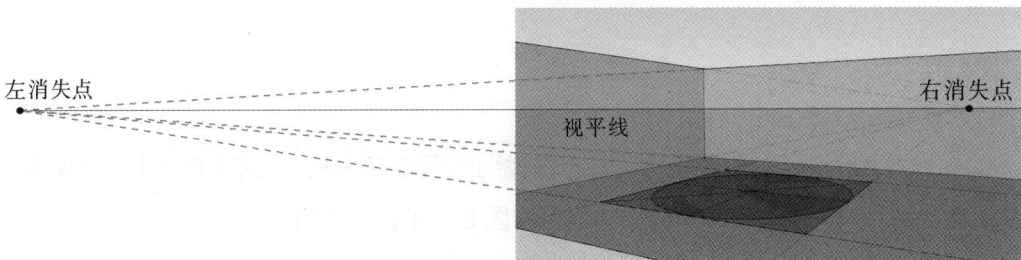

左消失点　右消失点
视平线

（a）正方形与墙面共用一组消失点

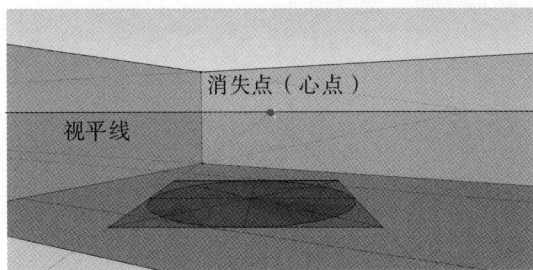

消失点（心点）
视平线

（b）以心点为消失点画出的一点透视正方形

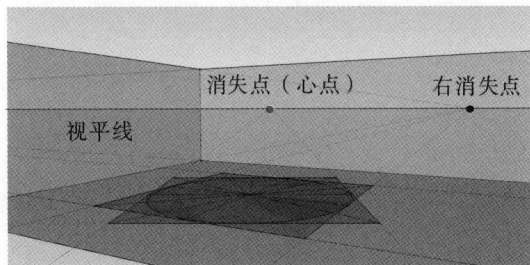

消失点（心点）　右消失点
视平线

（c）用两种方法画出的正方形内切圆是不变的

图 6-41 画圆（2）

　　一点透视的方法更简单、更准确，所以接下来的绘画步骤中为大家示范的是用一点透视的方法画圆。具体步骤如下。

　　（1）确定视平线在画面中的位置，如图6-42所示。

视平线

　　图6-42 画出视平线

　　（2）画出两墙转角处的阴角线，注意其在视平线上部和下部的比例，如图6-43所示。

转角处的高

　　图6-43 画出转角阴角线

　　（3）找到消失点。用测量角度的方法找到两面墙的消失点，如图6-44（a）所示。再根据找到的消失点画出其余的墙体线，如图6-44（b）所示。

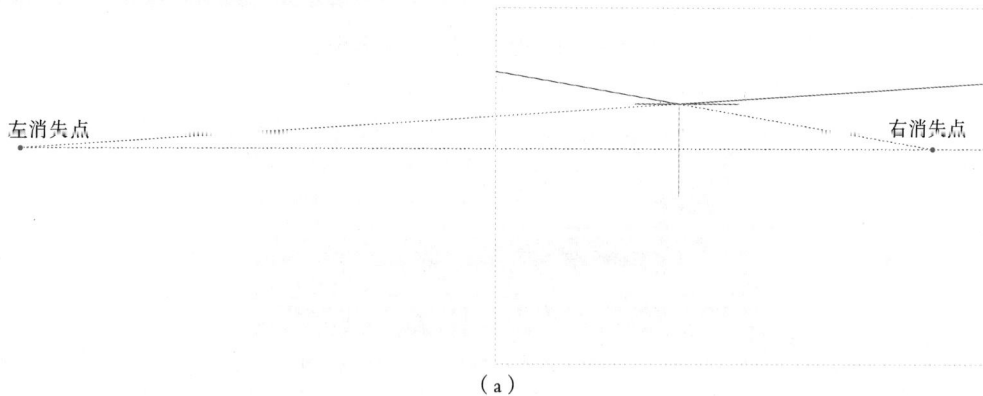

左消失点　　　　　　　　　　　　　　　　右消失点

（a）

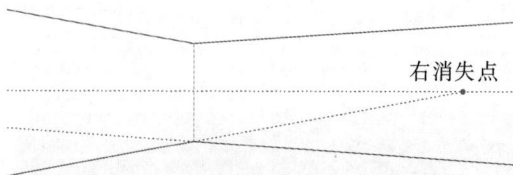

右消失点

（b）

　　图6-44 找到消失点

（4）定出水池底部水平方向的最大宽度，如图6-45（a）所示。我们能看到图6-45（b）所示池底的水平最宽点是A、B两点，但并不是圆本身的最宽处。圆本身的最宽点为图中的C、D两点，但在现实场景中，我们是无法看到这两点的，因此不能错把看到的AB当成圆的水平直径CD，也无法在AB的基础上用8点求圆法画出这里的圆。

在这种情况下，由于我们要画的透视圆位于心点垂线附近，因此透视圆近似一个椭圆，如图6-45（b）中蓝色虚线所示，而AB正好为这个椭圆的长轴，所以接下来的步骤中都以画椭圆的方法来画出这个场景中圆的透视。

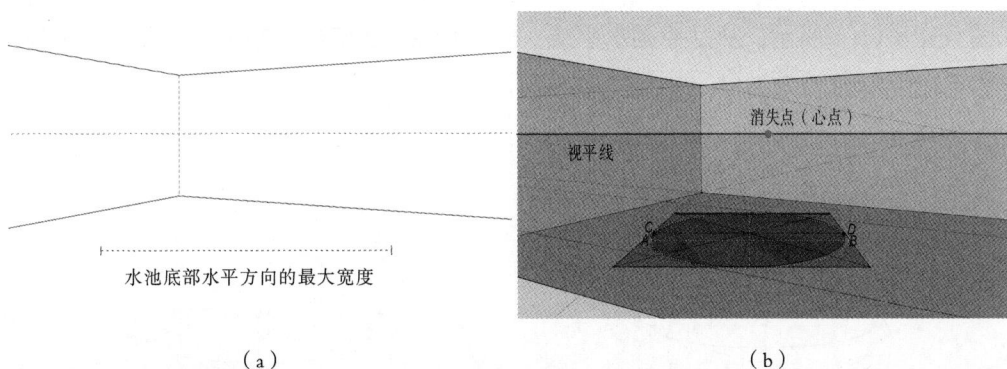

（a）

（b）

图6-45 找到池底最宽处

（5）找到池底椭圆的短轴。观察池底弧线最凹处离水池最宽处的距离，如图6-46（a）蓝色线段所示。根据比例从已有的水池最宽线的中点画垂线，如图6-46（b）所示，并在终点处画一条水平小短线。

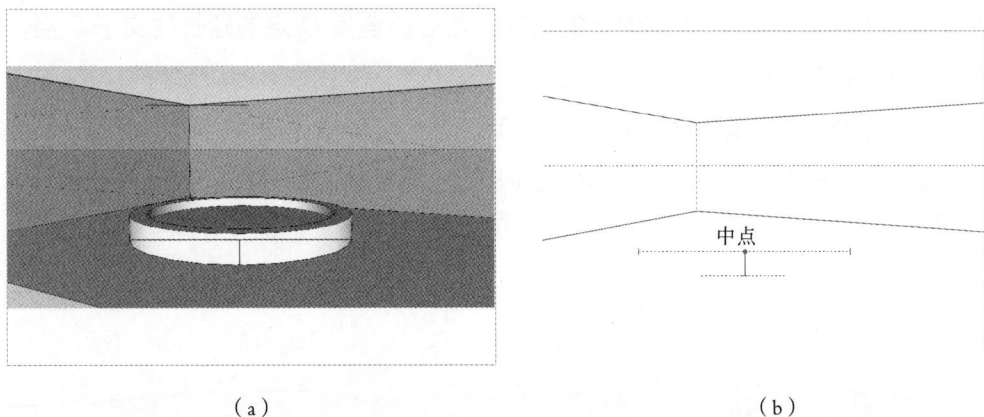

（a）

（b）

图6-46 找到池底椭圆短轴

（6）画出池底弧线。以 A、C、B 为椭圆的象限点，画出半个椭圆的弧线，如图 6-47 所示。

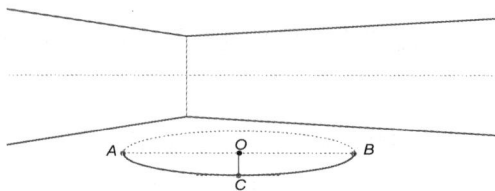

图 6-47 画出池底弧线

（7）画出圆柱形水池的高。从 B 点向上作垂线，通过观察实际场景确定 BJ 的长度，如图 6-48（a）所示。从 J 点画水平线，其与 A 点引出的垂线相交于 I 点，与 AB 中点 O 引出的垂线交于 D 点，如图 6-48（b）所示。

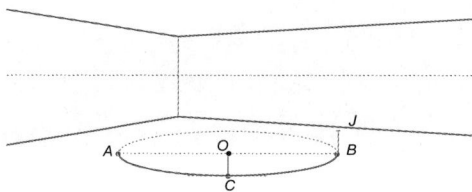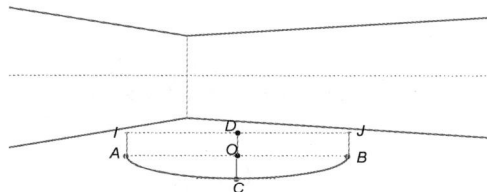

（a）　　　　　　　　　　　　（b）

图 6-48 画出圆柱形水池的高

（8）找出水池顶面透视圆（椭圆）的短轴。透视中的水平圆所形成的透视圆（椭圆），越接近视平线越扁。因此，水池顶面圆的短轴要通过透视来找。

首先找到心点（画面中视平线的中点）。从心点连接 O 点并延伸至过 C 点的小短线得到 E 点，再从 E 点作向上的垂线，与心点连接 D 点的延长线交于 F 点，如图 6-49（a）所示。

过 F 点作水平小短线与 DO 交于 G 点，从 D 点向上作垂线 DH，使 DH 长度等于 DG。这时 HG 为圆柱体顶面透视圆（椭圆）的短轴，如图 6-49（b）所示。

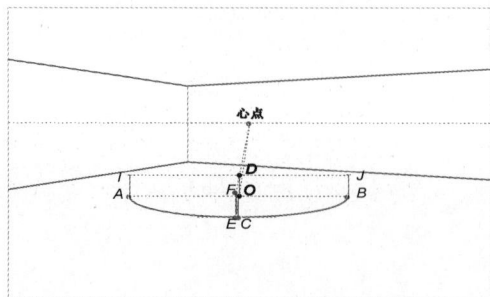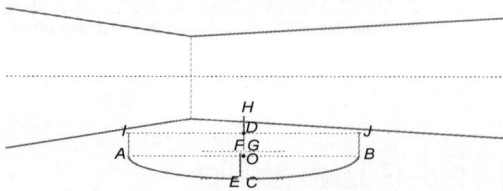

（a）　　　　　　　　　　　　（b）

图 6-49 找出水池顶面透视圆（椭圆）的短轴

（9）画出顶面透视圆（椭圆）。以 I、H、J、G 为象限点画出圆柱体顶面透视圆（椭圆），如图 6-50 所示。

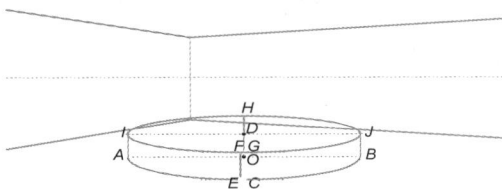

图 6-50 画出顶面透视圆

（10）画出水池顶面池边的透视圆环。首先观察水池边水平方向的厚度，如图 6-51（a）所示，从 I、J 两点向圆内作水平线，取适当的距离，得到 K 点和 L 点，并且 IK 与 LJ 长度相等。接着，通过观察画出竖向的池边距离 HM、NG。需要注意的是，由于 NG 比 HM 离视点近，所以 NG 比 HM 长。最后，以 K、M、L、N 4 点为象限点画出一个椭圆，如图 6-51（b）所示。

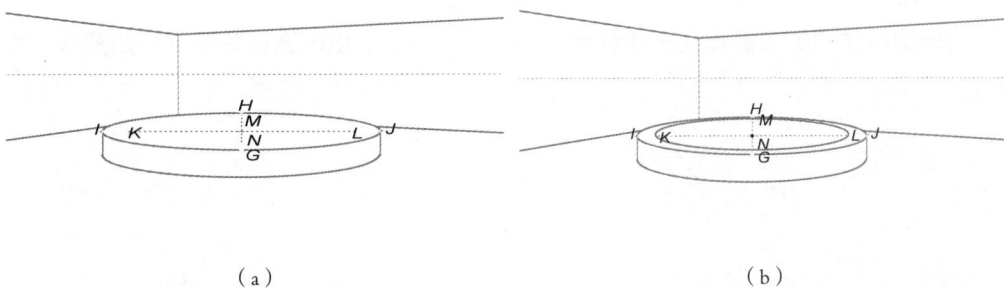

（a）   （b）

图 6-51 画出水池顶面池边的透视圆环

（11）画出水池顶面的厚度。从 M、K、L 3 个点向下画垂线，通过观察，在垂线上取出池边厚度 MQ。以 MQ 为基准定出 KP、LR 的长度，并且 KP、LR 比 MQ 稍长，如图 6-52 所示。但实际上由于这 3 条线段差距微弱，因此取同样的长度也无妨。

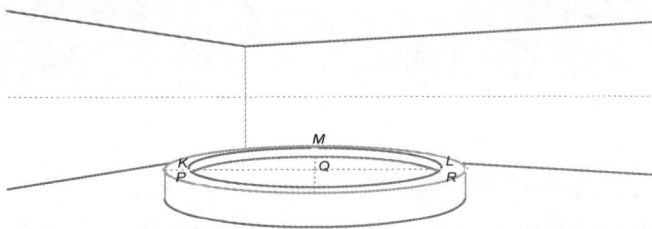

图 6-52 画出水池顶面的厚度

【注意】

文中时常提到"通过观察""估计"等词汇，也许作为初学者会觉得难以掌控，但这就是学习绘画的必经过程。一开始画得不准确请不要气馁，经过不断观察、练习、总结，你很快就能准确地"估计"与表达了。

2. 拱门

在画好圆形水池的基础上，将墙体画成带半圆形拱门的游廊，如图 6-53 所示。

拱门的画法

图 6-53 有拱门与圆形水池的院子

画半圆形拱门的关键点在于找到半圆的顶点和直径，拱门透视关系分析如图 6-54 所示。

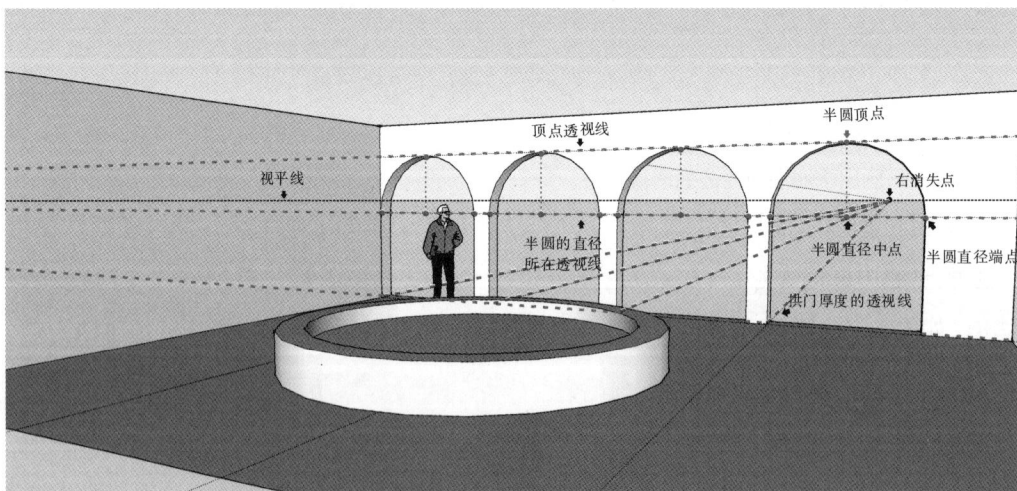

图 6-54 拱门透视关系分析

通过观察（见图 6-54）可总结出以下特征。

①重复排列的半圆形拱门的顶点位于同一高度的透视线上，并消失于左消失点。

②每个半圆形拱门的直径位于同一高度的透视线上，并消失于左消失点。

③拱门的厚度与地面的交线消失于右消失点。

相关绘画步骤如下。

（1）找到拱门顶点的透视线。通过观察现实场景，在墙体转角阴角线上找到拱门顶点所在透视线与墙线的交点 A 点，如图 6-55 所示。

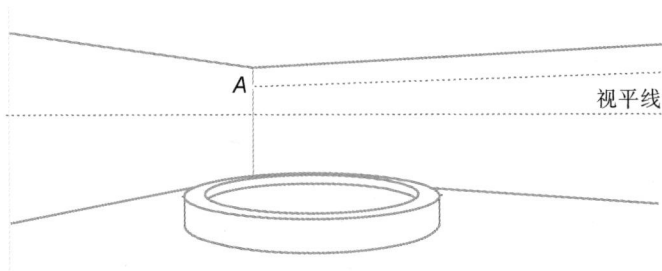

图 6-55 找到拱门顶点的透视线

（2）找出拱门柱子的位置。首先，观察图 6-56（a）中 ① 号垂线的位置，在图中做相应标记。然后，找到 ② 号垂线的位置，注意图 6-56（b）中线段 a 与 b 的比例关系。再用同样的方法切分出 ③、④ 号垂线的位置，如图 6-56（c）所示。

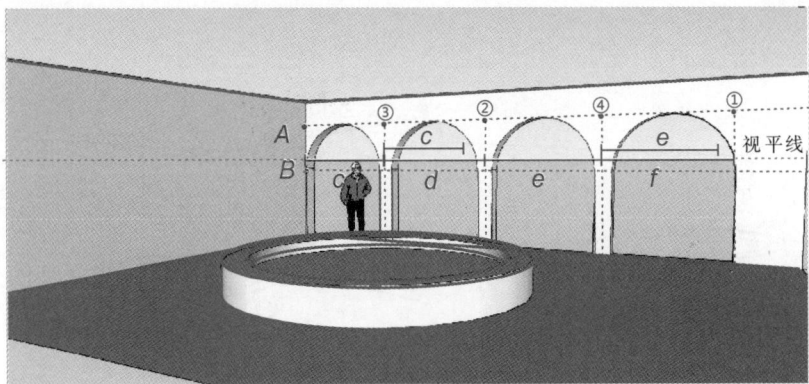

（a）

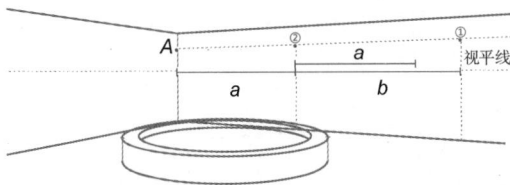

（b）

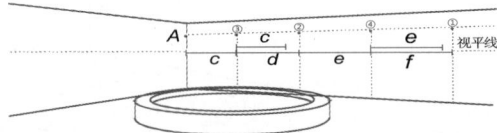

（c）

图 6-56 找出拱门柱子的位置

（3）找出拱门半圆直径的高度。通过观察，在阴角线高上找到拱门半圆直径的高度，确定出 B 点，过 B 点画透视线，如图 6-57 所示。

（4）画出柱子的宽度，如图 6-58 所示。

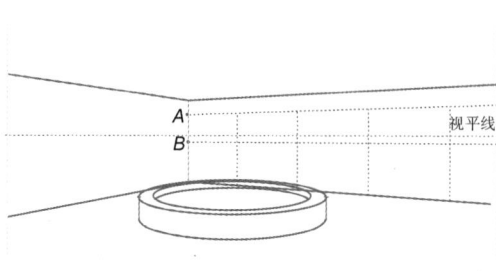

图 6-57 找出拱门半圆直径的高度

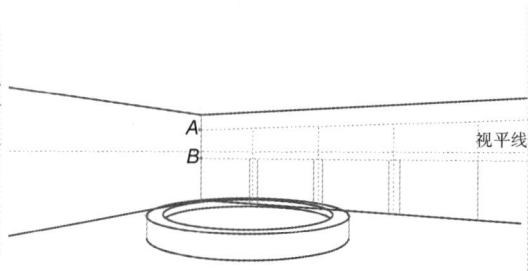

图 6-58 画出柱子的宽度

（5）找到拱门上部的半圆。取线段 CD 的中点 E，如图 6-59（a）所示。实际上，由于透视的原因，E 点不在 CD 中点处，而在中点偏 C 少许的地方。过 E 点作向上的垂线（垂直于视平线），其与过 A 点的透视线交于 F 点。过 C、F、D 画有透视感的半圆弧，并用同样的方法画出其他几个门洞，如图 6-59（b）所示。

如果无法通过 3 个点来画出透视半圆弧，则可以用 8 点求圆法来画，如图 6-59（c）所示。

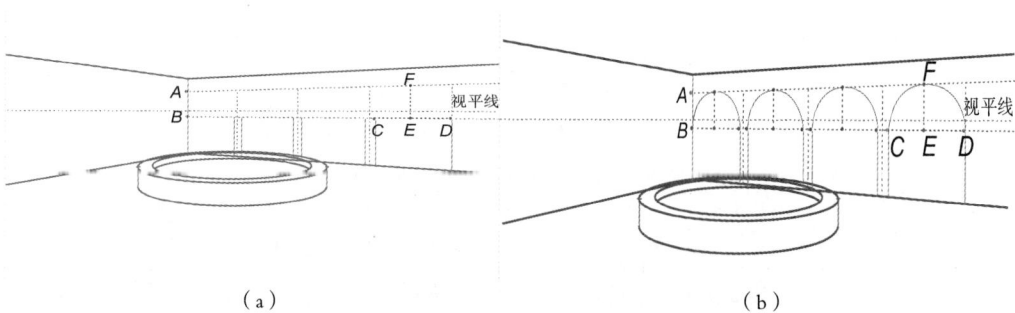

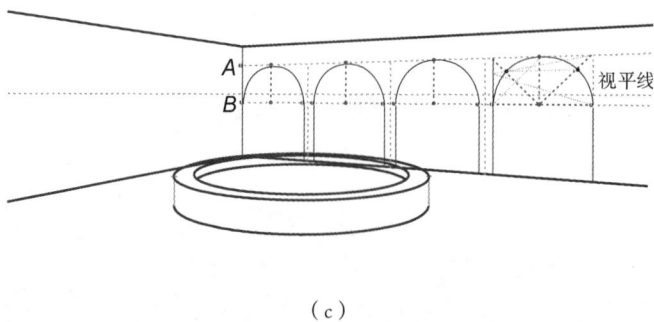

（a）

（b）

（c）

图 6-59 找到拱门上部的半圆

（6）画出门洞柱子的厚度。首先，根据观察画出最左侧门洞的厚度，如图6-60（a）所示。然后，从G点连接右消失点，与门洞相交得到交点H。通过H点连接左消失点并向右延伸，如图6-60（b）所示。从③号柱子与地面相交的I点连接右消失点，

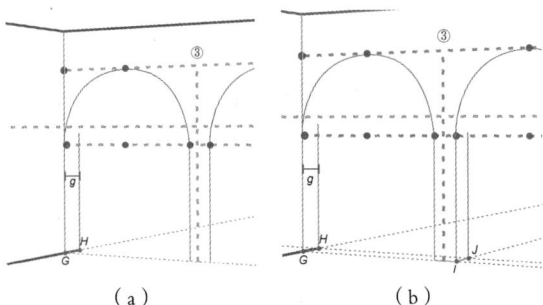

图6-60 画出门洞柱子的厚度

与H点所在透视线形成交点J点，过J点作向上的垂线，得到③号柱子的厚度。最后，用同样的方法画出其余柱子的厚度。

（7）画出拱门厚度的半圆弧线。由于拱门很薄，所以我们可以用平行（复制）的方式根据已画出的外侧半圆弧画出内侧的半圆弧，如图6-61所示。

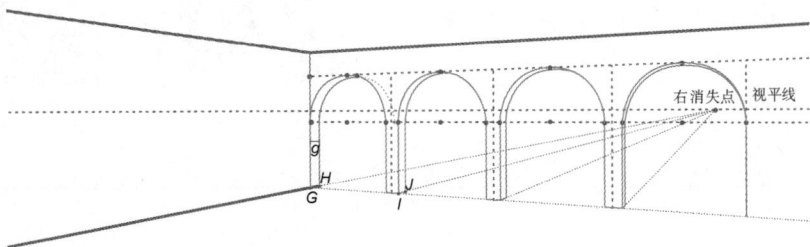

图6-61 画出拱门厚度的半圆弧线

如果门洞较深，则需要通过透视关系来画。假设最右侧的拱门变厚，形成短隧道的状态，则首先要确定出画面中门洞内外两条平行线的宽度，如图6-62（a）中的线段a所示，根据线段a的宽度画出一条内侧的门柱线。然后，由已知的A点、C点连接右消失点与内侧的门柱线交于B点与J点。接着，由J、B两点连接左消失点，并向右延伸，与E、F连接右消失点的线交于L、G两点。这时已经构建起拱门下部的长方体。由已知的圆心D点和圆弧顶点H分别连接右消失点，如图6-62（b）所示。D点与右消失点的连线与线段JL形成交点K，过K点作向上的垂线，与H点与右消失点的连线形成交点I。最后，过J、I、L 3个点画出透视半圆弧，完成拱门厚度的结构线。

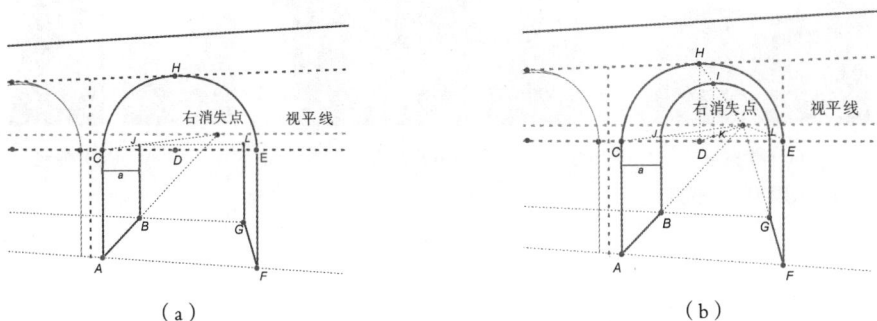

图6-62 拱门透视的画法详解

【练习】

1. 用8点求圆法在透视场景中画一个圆。

2. 跟随本节示范步骤画出有圆形水池和拱门的庭院。

3. 对中共一大会址照片（见图6-63）进行写生（可扫码参考教学视频）。

扫码看彩图

中共一大会址场景分析

中共一大会址起形示范

中共一大会址钢笔线稿

图6-63 中共一大会址照片

第四节　三点透视原理及画法

一、三点透视的特征

前文讲到一点透视和两点透视的站位特点时强调了观察者的视线应当平视前方，不能仰视，也不能俯视，当视线出现了仰视和俯视的情况时就会形成三点透视的视角，如图6-64所示。

（a）平视

（b）俯视

（c）仰视

图6-64 3种视角的对比

当人的视线平行于地平面时，眼睛看到的画面中视平线与地平线是重合的，如图6-65所示，这时看到的就是一点透视或两点透视的建筑，如图6-66所示，其中的1、2号建筑为一点透视，而3号建筑为两点透视。

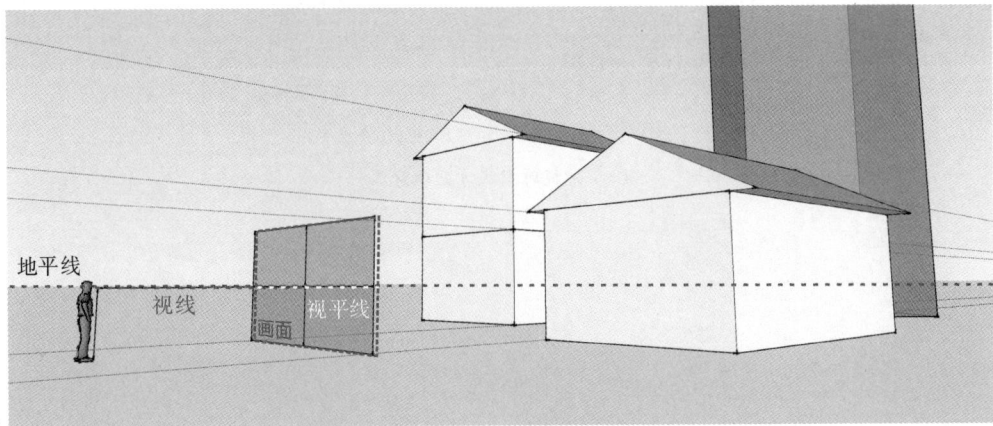

图6-65 平视时视线方向示意图

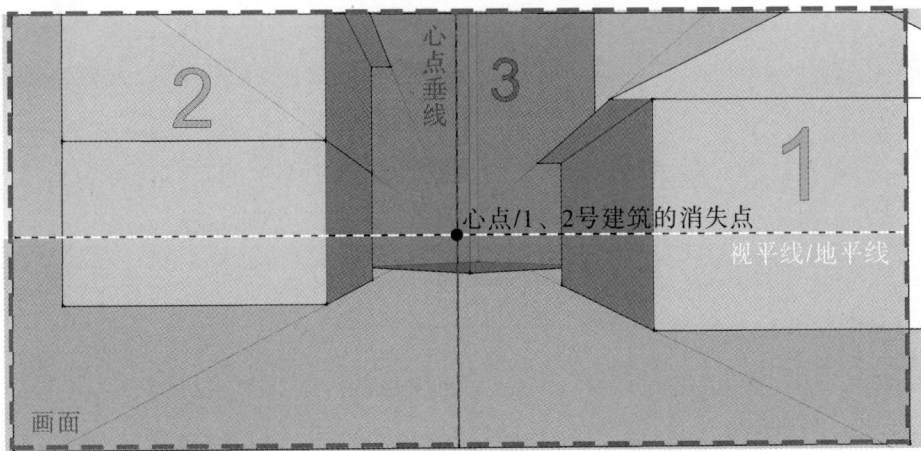

图6-66 平视时所看到的画面

仰视时，视线不平行于地平面，人眼看到的画面也不垂直于地平面，如图6-67（a）所示。这时画面中的视平线与地平线发生了分离，如图6-67（b）所示。由于这是一个仰视角度，视野呈现的画面中，视平线位于地平线的上方。3栋建筑物上的透视线（平行于地平面）消失于地平线上并形成消失点。建筑物的高不再垂直，而是全部消失于天点，并且天点位于心点垂线上。

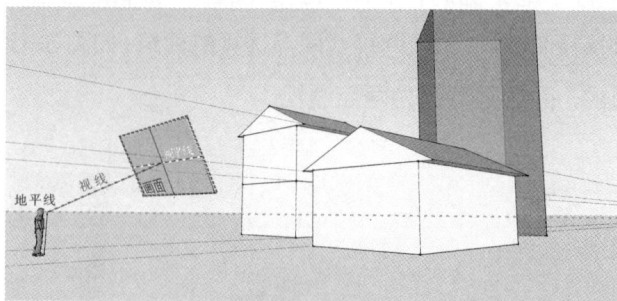

（a）仰视时视线方向示意图

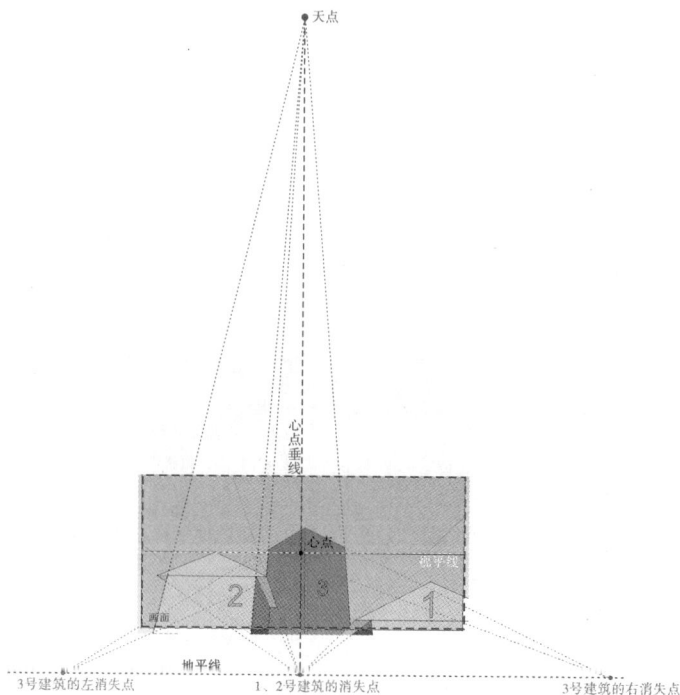

（b）仰视时所看到的画面

图6-67 仰视分析

当出现俯视视角时，原理与仰视相同，只是高的消失点由天点变为地点，视平线位于地平线的下方，如图6-68所示。

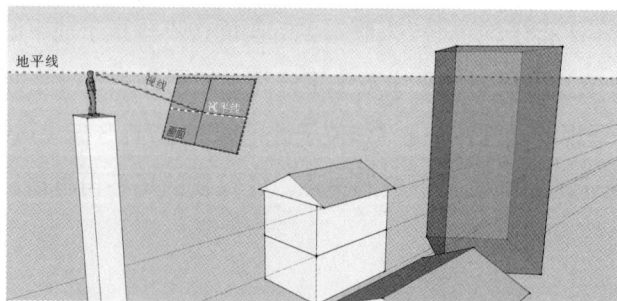

（a）俯视时视线方向示意图

图6-68 俯视分析

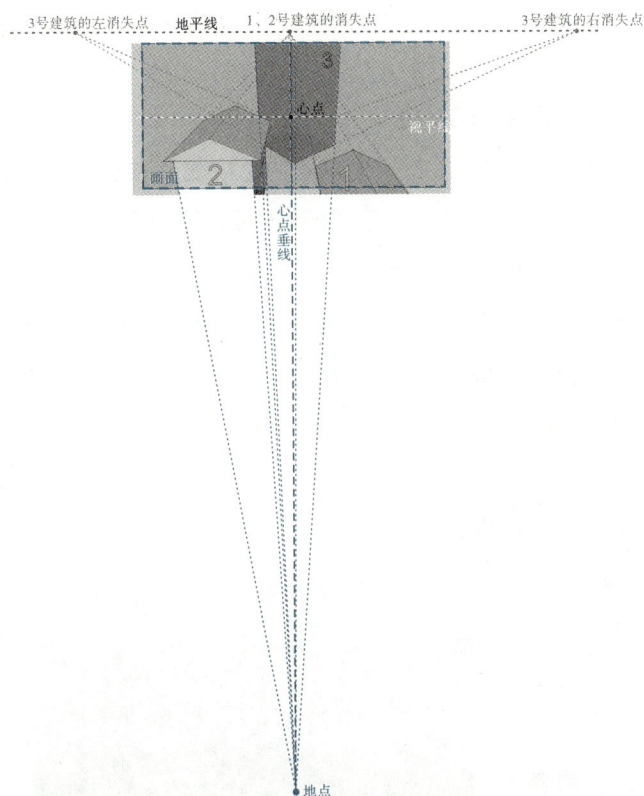

3号建筑的左消失点　地平线　1、2号建筑的消失点　　　　3号建筑的右消失点

（b）俯视时所看到的画面

图6-68 俯视分析（续）

二、三点透视绘制要点

1. 三点透视的站位特点

（1）视角为仰视或俯视（不能平视）。

（2）头／镜头不能歪，视平线必须与地平线平行。歪头后看到的画面如图 6-69 所示。

三点透视的原理

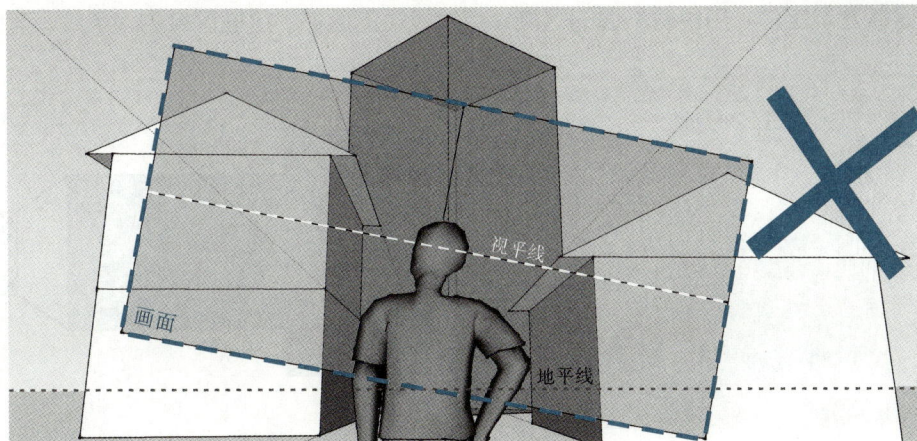

图6-69 歪头后看到的画面

这种歪头的现象在实际写生中不易出现，但在拍照时非常容易出现，多是因为相机没端平。

2. 三点透视中各关键要素的特征

（1）视平线与地平线分离，平行于地平面的透视线消失于地平线上并形成消失点。

（2）仰视视角的高消失于天点，俯视视角的高消失于地点。

（3）天点和地点位于心点垂线上。

在三点透视场景中，仰视或俯视的角度越大，天点、地点离画面的距离越近，反之则天点、地点离画面的距离越远。天点或地点一般位于画面心点垂线上，除非画面进行过裁剪或重新构图。

三、三点透视场景绘画步骤

第 1 步：分析场景。

（1）图 6-70 所示的场景中的建筑高度较高且位于山坡上。因此，当我们站在地面上，要将整座建筑看全时就会仰头。这时就形成了仰视的三点透视视角。

扫码看彩图

图 6-70 三点透视场景照片

三点透视教堂写生起形

（2）这同时是一个两点透视视角下产生的仰视三点透视，因此这个建筑的长方体主体会有左右两个消失点，以及高的消失点——天点。

（3）这个建筑可看作由图 6-71 所示的几个块体组成。

我们可以将这座建筑分为 4 个区域（见图 6-71）——条纹的塔楼部分、蓝色的 T 形区域建筑主体、白色有斜面的区域、点纹较矮的区域。这些区域中，条纹、蓝色、

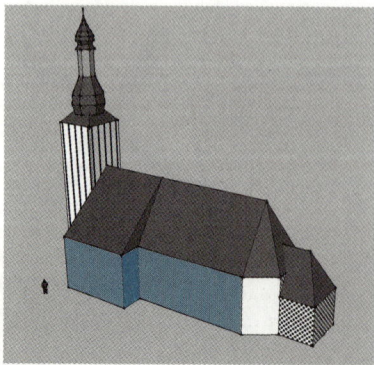

（a）建筑模型示意图　　　　　　　（b）建筑平面示意图

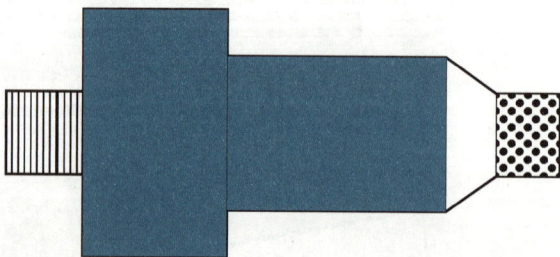

图 6-71 建筑块体划分示意图

点纹的块体为相互平行的长方体，也就意味着它们在透视图中会共用消失点。由于白色区域有两个斜面，斜面不平行于其他建筑块体，所以，它与其他部分不共用消失点。

第2步：找到地平线。

在这一步中要分两种情况：一种是实地写生，另一种是根据照片画。由于根据照片画时找消失点和地平线的方法与画一点透视及两点透视时一样，因此不再赘述。接下来将着重讲解写生时的绘画方法。

（1）首先，眼睛平视前方，将铅笔水平置于眼睛前方（像画一点透视和两点透视时一样），铅笔遮住的地方就是地平线所在的位置，如图6-72（a）所示。我们要记住地平线在场景中的位置，以便视角回到仰视的三点透视时能准确找到地平线的位置，如图6-72（b）所示。这时我们可以从图6-72（b）中看到地平线是位于取景框底部的。

（a）平视并用铅笔找到地平线的位置　　　　　（b）观察地平线在取景框中的位置

图6-72 找地平线

（2）在纸上画出地平线。为了能更准确地找到地平线在纸上的位置，我们要先大致确定画面构图，如建筑的大小、比例以及位置，再根据建筑的位置确定地平线的位置，如图6-73所示。

（a）测量建筑的高宽比　　　　　　　（b）画出建筑与地平线的大致位置

图6-73 画出建筑的高宽比及地平线位置

绪论　一点透视　线的表现　画面布局　常见物体的画法　两点透视、圆的透视及三点透视　综合案例　分析及例图

我们可以从图6-73（a）中发现建筑的高和宽几乎相等，在纸上起稿时根据观察到的情况画出高宽比，如图6-73（b）所示。

第3步：画出基准高。

一般情况下，在画基准高时，绘图者要测量其与建筑总高度的比例，并确定其位于建筑中的哪个位置，如图6-74（a）所示。在画基准高时，绘图者还要注意它的斜度，由于它离心点垂线比较近，所以斜度不会很大，如图6-74（b）所示。

（a）选择基准高

（b）画出基准高的大致位置及斜度

图6-74 画出基准高

第4步：找到消失点。

将水平的铅笔靠在基准高的顶点上，观察两边透视线形成的角度，如图6-75（a）所示。在纸上的基准高顶点处，根据刚才观察到的角度画出两条透视线，并延伸至地平线形成两个消失点，如图6-75（b）所示。在绘画过程中，由于两个消失点都位于画面外，所以大家应练就凭空找到消失点的能力。

（a）测量透视线角度

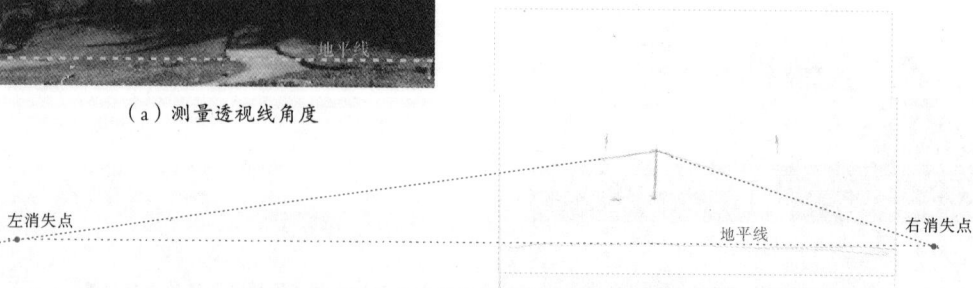

（b）画出透视线并找到消失点

图6-75 找到消失点

第5步：画出建筑主体。

（1）首先画出基准高两侧的墙，如图6-76（a）所示。需要注意，越靠近心点垂线的高越垂直于地平线，这样才能保证所有的高都可以消失于心点垂线上的同一个消失点（天点）。在这个场景中，由于仰视角度并不大，所以天点会在离画面中心较远的地方，高的斜度也不会很大。我们在画三点透视的高时，应该先确定离心点垂线最远的那条高的斜度，其他高的斜度小于这条高即可。

（2）在已有墙体的基础上画出相连的墙体，如图6-76（b）所示。注意，透视线要消失于左右消失点，高则向天点消失。

有一处墙体不平行于T形建筑主体，它的透视线为独立的消失点，但由于在这个场景中，它们看起来正好是平行于画面的，所以不需要另找消失点，如图6-76（c）所示。画出其余墙体，如图6-76（d）所示。

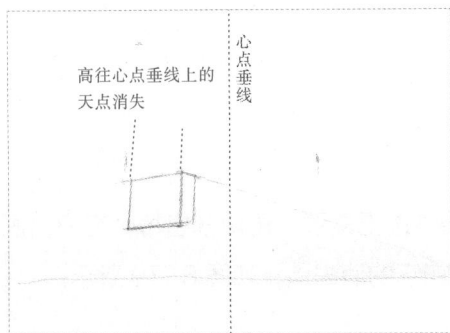

（a）画出基准高两侧的墙

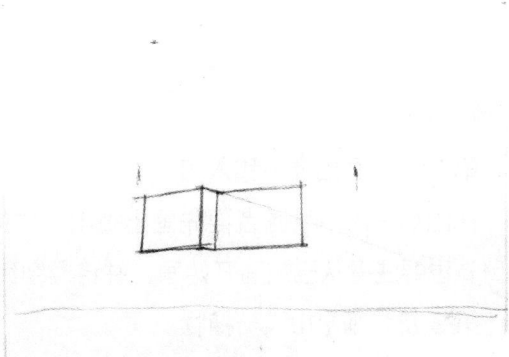

（b）画出相连墙体

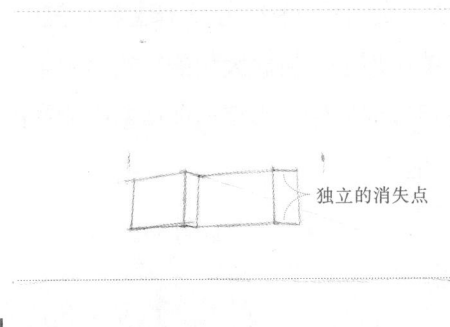

（c）独立的墙体不与主体建筑共用消失点

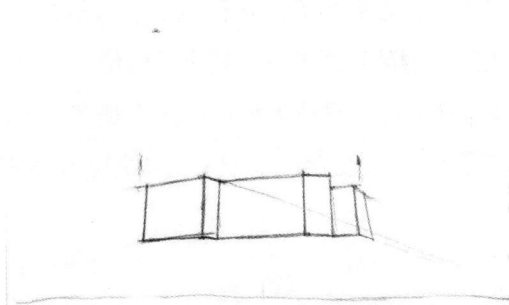

（d）画出其余墙体

图6-76 画出建筑主体

第6步：画出屋顶。

画屋顶时，绘图者要注意屋脊的消失点为建筑主体的左消失点，仔细观察坡屋顶的斜度再将其画出，如图6-77所示。

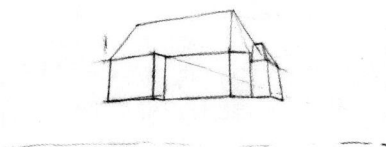

图6-77 画出屋顶

第7步：画出塔楼。

（1）画出塔楼方形部分。注意，塔楼上的透视线也要消失于建筑主体的左右消失点，如图6-78（a）所示。

（2）画出塔尖。在画塔尖的穹顶等造型时，可以从塔楼的方形部分引出一条中心对称轴来辅助绘画，目的是避免画歪，如图6-78（b）所示。

透视线消失于左右消失点

地平线

塔尖中心对称轴

（a）画出塔楼方形部分　　　　　　（b）画出塔尖

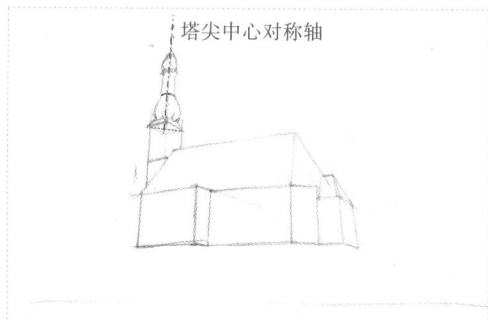

图6-78 画出塔楼

第8步：画出窗户和入口。

在画窗户时，绘图者要先画出每组窗户的整体透视关系，再切分出每个窗户。画入口时也要注意从已知面开始画，并将透视线画向它的消失点，如图6-79所示。

第9步：画出山坡与植物。

画出山坡及坡上的台阶，画出塔上的窗户。在画植物时，绘图者要注意疏密以及层次关系，如图6-80所示。在这个场景中，画面右侧有大、中、小3棵雪松，其中，最大的一棵离观察点近，其余两棵位于建筑所在的山坡上。将最大和最小的两棵雪松画得靠拢，另一棵画得稍远以形成疏密关系，并且确保近处的最高的那棵雪松能对最小的雪松有一定遮挡，这样处理能增加画面的层次感。

去掉这棵树
以免抢镜

有疏密、遮挡地安排树的大小及位置

图6-79 画出窗户和入口　　　　　　图6-80 画出山坡与植物

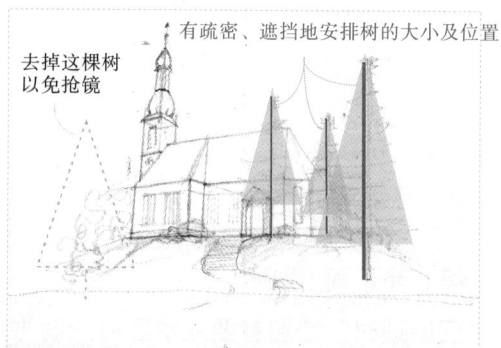

绪论

一点透视

线的表现

画面布局

常见物体的画法

两点透视、圆的透视及三点透视

综合案例分析及例图

最后，画出钢笔线稿，效果如图 6-81 所示。

图 6-81 钢笔线稿

还可以用水彩上色，上色的效果如图 6-82 所示。

扫码看彩图

图 6-82 水彩上色稿

【练习】

1. 快速建立一个符合三点透视的长方体，如图 6-83 所示。

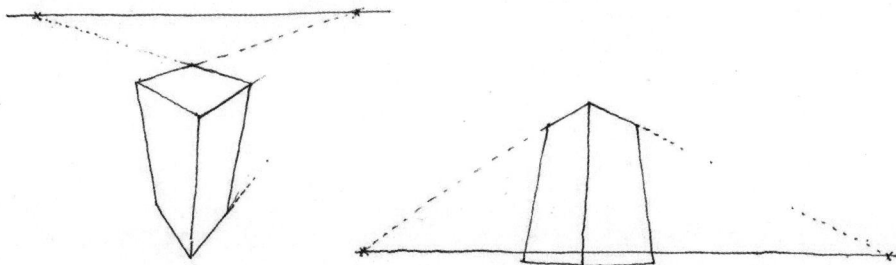

图 6-83 长方体

2. 临摹三点透视场景图。

第六章　思维导图

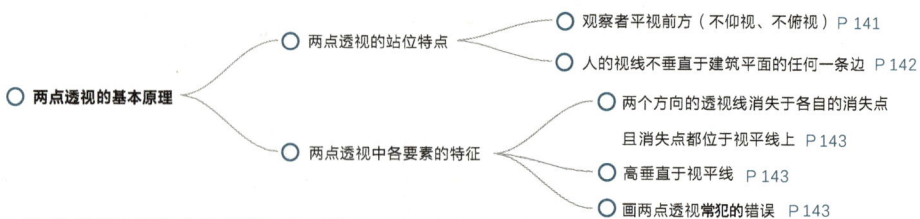

两点透视的基本原理
两点透视的站位特点
　观察者平视前方（不仰视、不俯视）P 141
　人的视线不垂直于建筑平面的任何一条边　P 142
两点透视中各要素的特征
　两个方向的透视线消失于各自的消失点
　　且消失点都位于视平线上　P 143
　高垂直于视平线　P 143
　画两点透视常犯的错误　P 143

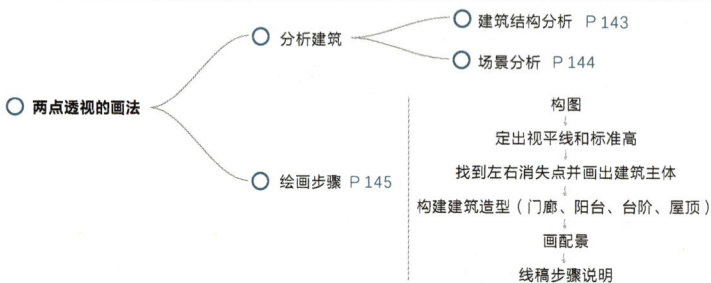

两点透视的画法
分析建筑
　建筑结构分析　P 143
　场景分析　P 144
绘画步骤　P 145
　构图
　定出视平线和标准高
　找到左右消失点并画出建筑主体
　构建建筑造型（门廊、阳台、台阶、屋顶）
　画配景
　线稿步骤说明

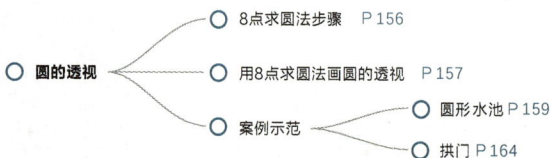

圆的透视
8点求圆法步骤　P 156
用8点求圆法画圆的透视　P 157
案例示范
　圆形水池 P 159
　拱门 P 164

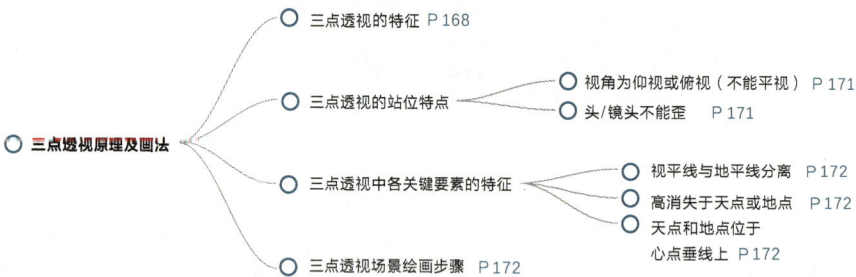

三点透视原理及画法
三点透视的特征　P 168
三点透视的站位特点
　视角为仰视或俯视（不能平视）P 171
　头/镜头不能歪　P 171
三点透视中各关键要素的特征
　视平线与地平线分离　P 172
　高消失于天点或地点　P 172
　天点和地点位于
　　心点垂线上 P 172
三点透视场景绘画步骤　P 172

第一节 综合案例分析

案例 1 西塘古镇 1

西塘古镇场景照片如图 7-1 所示。

扫码看彩图

图 7-1 西塘古镇场景照片

案例原画（1）如图 7-2 所示。

图 7-2 案例原画（1）

图 7-2 所示的原画存在的问题如下。

（1）画面中建筑物的高不垂直。

（2）瓦的透视关系错误及缺乏对瓦的表现力。

（3）水体表现不到位。

（4）由于看不清远处的建筑而"随便画两笔打发"。

（5）物体缺乏立体感。

修改后的效果如图 7-3 所示。瓦的修改详解如图 7-4 所示。

图 7-3 案例原画（1）修改及分析

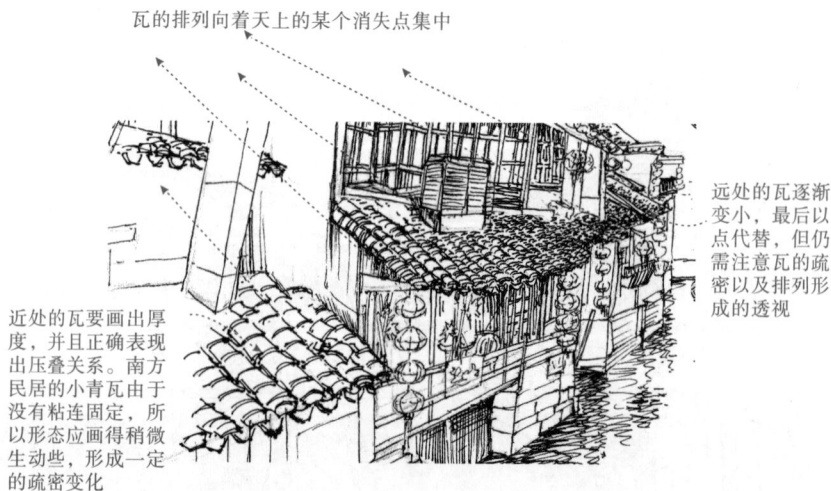

图 7-4 瓦的修改详解

案例2　西塘古镇2

案例原画（2）如图7-5所示。

图7-5 案例原画（2）
（作者：谭万强）

图7-5所示的原画存在的问题如下。

（1）由于看不清暗处而采用涂黑的方式处理。

（2）多余的水波。

修改后的效果如图7-6所示。水体修改详解如图7-7所示。

去掉多余的线
条，使烟囱的
明暗面对比更
明显

画出物体的纹理使其变暗

画出窗洞内
部细节，使
其透气，更
有空间感

去掉多余的水波，留出天光

图7-6 案例原画（2）修改及分析

水面修改前　　　　　　场景照片 水体局部　　　　　水面修改后

画出倒影的明暗变化，增加倒影的细节

从场景照片中可以看出，这一区域为天空的倒影，是空的。因此这里画了水波就显得多余了

删除多余的波浪线，留出天空的反光，使水波倒影更突出

图 7-7　水体修改详解

案例 3　山坡上的教堂

山坡上的教堂实景照片如图 7-8 所示。

扫码看彩图

图 7-8　山坡上的教堂实景照片

案例原画（3）如图 7-9 所示。

图 7-9　案例原画（3）
（作者：文虎森）

图7-9所示的原画存在的问题为：多余的小线条导致画面显得琐碎，明暗关系不明确。案例原画（3）修改及分析如图7-10所示。

调整塔尖，使其与塔身方向一致

将画面中的垂线调为倾斜，使画面成为三点透视视角，这样会使建筑看起来更高大

加深乔木的暗部，可以突显建筑物

根据整幅画面的明暗程度去除原画中过分黑的处理

擦除屋顶及墙体上多余的线条，使建筑恢复"整洁"

即使是远景也要明确画出外形，不可模棱两可

去掉草地上琐碎的线，使草坡更整体，并且可以突出视觉中心

图 7-10 案例原画（3）修改及分析

案例 4　拙政园梧竹幽居

梧竹幽居实景照片如图 7-11 所示。

扫码看彩图

图 7-11 梧竹幽居实景照片

案例原画（4）如图 7-12 所示。

为大树添加树叶，营造出夏天的景象

在左下角的水中添加荷花，避免这一区域过于空旷，并且由于有了近景的荷花，增加了画面的层次

在石头的驳岸上设计台阶，打破了原场景中可能会导致画面呆板的驳岸线条

图 7-12 案例原画（4）
（作者：季丽佳）

通过这幅画（见图7-12）我们看到，创作者对该场景进行了取舍与调整，但仍有一些不足的地方可以进一步美化，最后修改效果如图7-13所示。

将亭子的宝顶扶正，使之不会产生视觉上的歪斜

添加人物，使场景拥有故事，使画面生动

添加这片荷叶的关键在于，此叶柄出水位置与其他叶柄出水位置不同，有了这一片叶子的点缀就能使前景的荷叶群更具空间感

仔细调整倒影水波，使其与岸上的物体相对应

画出石头上的阴影，使其更有立体感

图7-13 案例原画（4）修改及分析

第二节　例图

一、一点透视

1. 转弯小巷

临摹难度：★☆☆☆☆

练习点：多个方向的建筑形成的多个消失点。

在画这个场景时需注意的方面如下。

（1）注意道路尽头的高度不能超越视平线。

（2）注意表现建筑物表面、地面线条的疏密关系。

转弯小巷钢笔线稿　马克笔基本简介　马克笔色卡制作　马克笔握笔与基本笔法

扫码看彩图　转弯小巷马克笔上色

（a）转弯小巷速写

（b）转弯小巷马克笔上色图

图 7-14 转弯小巷

2. 苏州老街

临摹难度：★ ☆ ☆ ☆ ☆

练习点：线的疏密处理、各种物品及人的画法。

临摹时需要注意以下几方面。

（1）纵向线的透视关系不要受到坡屋顶斜度的干扰。

（a）苏州老街照片

扫码看彩图

（b）苏州老街钢笔速写

图 7-15 苏州老街

（2）电线有一定的弧度，不要画得太僵直。

绪论

一点透视

线的表现

画面布局

常见物体的画法

两点透视、圆的透视及三点透视

综合案例分析及例图

3. 大理古城小巷

临摹难度：★ ☆ ☆ ☆ ☆

练习点：线的疏密处理。

临摹时，需注意以下几点。

（1）视平线不要定得过高。

（2）远处的建筑有转弯的趋势。

图 7-16 大理古城小巷

4. 上里古镇街道

临摹难度：★★☆☆☆

练习点：理清建筑之间的结构、人物的画法。

临摹时，需注意以下几个方面。

（1）线的疏密。

（2）要体现出街道的生机，就不可忽略人物和店铺内部的商品。

图 7-17 上里古镇街道

绪论

一点透视

线的表现

画面布局

常见物体的画法

两点透视、圆的透视
及三点透视

综合案例
分析及例图

5. 上里古镇清风雅雨客栈

临摹难度：★☆☆☆☆

练习点：生动的物品。

注意点：街道上的各种物品，如满载着菜的三轮车，阳台上的晒箕、盆栽等，都能使画面更生动。

图 7-18 上里古镇清风雅雨客栈

6. 上里古镇泥泞小道

临摹难度：★★☆☆☆

练习点：各种植物的画法、瓦的画法。

注意点：画面中 3 组建筑有各自的消失点，务必找到右侧阳台与屋檐的消失点。

图 7-19 上里古镇泥泞小道

绪论

一点透视

线的表现

画面布局

常见物体的画法

两点透视、圆的透视及三点透视

综合案例分析及例图

7. 上里古镇河边茶座

临摹难度：★ ★ ★ ☆ ☆

练习点：竹子、藤椅、遮阳伞、远景的人。

注意点：看清楚道路尽头并画清楚，不可随意糊弄或留空白。

图 7-20 上里古镇河边茶座

8. 上里古镇江湖客栈

临摹难度：★★★☆☆

练习点：近景的树、竹子、草花。

扫码看彩图   上里江湖客栈画法

图 7-21 上里古镇江湖客栈照片

Takin.
2012.10.8.

图 7-22 上里古镇江湖客栈钢笔速写

绪论 一点透视 线的表现 画面布局 常见物体的画法 两点透视、圆的透视 及三点透视 综合案例 分析及例图

9. 上里古镇蓝月亮酒吧

临摹难度：★ ★ ★ ☆ ☆

练习点：下台阶的道路。

图 7-23 上里古镇蓝月亮酒吧

10. 中山陵

临摹难度：★★★★☆

练习点：树、对称式构图、台阶。

临摹时，需注意以下几点。

（1）台阶的消失点不在视平线上。

（2）树与树之间应当用疏密关系区别、分层，切不可画成"一团糨糊"。

（3）在画两旁的植物时，可有意识地向内倾斜，使画面有向心性。

扫码看彩图

（a）中山陵照片

（b）

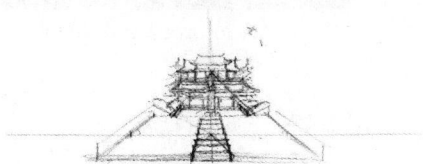

（c）

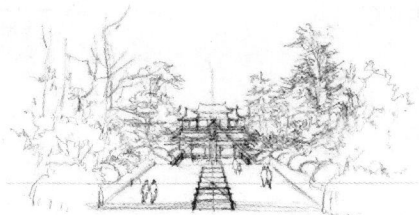

（d）

（e）

（f）

（g）

（h）

图 7-24 中山陵

（i）

图 7-24　中山陵（续）

11. 上里古镇高桥 1

临摹难度：★★★★☆

练习点：桥拱、溪水、植物的层次。

扫码看彩图

（a）上里古镇高桥照片

（b）上里古镇高桥钢笔速写

图 7-25　上里古镇高桥 1

二、两点透视

1. 上里古镇武魁堂

临摹难度：★☆☆☆☆

练习点：两点透视、梁柱及穿斗结构的关系表达。

扫码看彩图

（a）上里古镇武魁堂照片

takin.
2016.6.27
上里武魁堂 家铜

（b）上里古镇武魁堂钢笔速写

图 7-26　上里古镇武魁堂

2. 上里古镇麻辣烫摊

临摹难度：★ ☆ ☆ ☆ ☆

图 7-27 上里古镇麻辣烫摊

3. 上里古镇爬山廊

临摹难度：★★★☆☆

练习点：爬山廊层层上升的结构、长廊两侧柱子的透视关系。

图 7-28 　上里古镇爬山廊

4. 上里新镇民居

临摹难度：★★☆☆☆

练习点：瓦。

图 7-29 　上里新镇民居

绪论

一点透视

线的表现

画面布局

常见物体的画法

两点透视、圆的透视
及三点透视

综合案例
分析及例图

5.广西山中土屋

临摹难度：★ ★ ☆ ☆ ☆

练习点：石头、远山。

（a）广西山中土屋照片

（c）马克笔上色图

（b）广西山中土屋速写

图7-30 广西山中土屋

扫码看彩图（1）

山中土屋马克笔上色示范

扫码看彩图（2）

6. 上里古镇高桥 2

临摹难度：★★★☆☆

练习点：桥拱、近景的叶子。

注意点：桥拱下阴影线的方向要消失于桥的消失点。

图 7-31 上里古镇高桥 2

7. 山中小庙

临摹难度：★ ★ ☆ ☆ ☆

练习点：近景的草。

注意点：岩石上自然凿出的台阶是极不规则的，切勿画得整齐划一。

图 7-32 山中小庙

8. 山中竹棚

临摹难度：★★☆☆☆

练习点：芭蕉树、细节的刻画。

注意点：物体的阴影务必要跟随形体。

图 7-33 山中竹棚

绪论

一点透视

线的表现

画面布局

常见物体的画法

两点透视、圆的透视及三点透视

综合案例分析及例图

9. 树荫下的竹筏

临摹难度：★ ★ ★ ☆ ☆

练习点：大树。

扫码看彩图

（a）树荫下的竹筏照片

（b）树荫下的竹筏速写

图 7-34 树荫下的竹筏

10. 拙政园梧竹幽居

临摹难度：★★★★☆

练习点：屋顶结构、瓦、水面、树干、石头。

（a）拙政园梧竹幽居照片

（b）拙政园梧竹幽居速写

图 7-35 拙政园梧竹幽居

绪论

一点透视

线的表现

画面布局

常见物体的画法

两点透视、圆的透视
及三点透视

综合案例
分析及例图

三、三点透视

北工大艺术大楼

临摹难度：★ ☆ ☆ ☆ ☆

（a）北工大艺术大楼照片

（b）北工大艺术大楼速写

图 7-36 北工大艺术大楼